U0168579

青藏高原冻土环境与工程
雷达遥感研究

王　超　张正加　汤益先　张　红　著

科学出版社

北京

内 容 简 介

本书利用高分辨率 SAR 干涉测量等技术，采用多角度、长时序、凝视聚束等观测模式，以青藏高原北麓河为试验区，研究冻土地表土壤水分、冻土活动层厚度反演和冻土工程形变特征监测，探索青藏高原冻土区活动层厚度、土壤含水量和冻土工程三者的耦合作用，以全新的角度认识青藏高原冻土环境和冻土工程及其变化规律。

本书适合雷达遥感、冻土环境、冻土工程、全球变化、铁道交通等领域科研工作者和高等院校相关专业的师生阅读。

图书在版编目（CIP）数据

青藏高原冻土环境与工程雷达遥感研究 / 王超等著. —北京：科学出版社，2020.3

ISBN 978-7-03-064012-3

Ⅰ.①青⋯　Ⅱ.①王⋯　Ⅲ.①雷达–遥感技术–应用–青藏高原–冻土区–工程地质勘察　Ⅳ.①P642.427

中国版本图书馆 CIP 数据核字（2020）第 005220 号

责任编辑：彭胜潮　白　丹 / 责任校对：樊雅琼
责任印制：肖　兴 / 封面设计：铭轩堂

科 学 出 版 社 出版
北京东黄城根北街 16 号
邮政编码：100717
http://www.sciencep.com

中国科学院印刷厂　印刷
科学出版社发行　各地新华书店经销

＊

2020 年 3 月第 一 版　开本：787×1092　1/16
2020 年 3 月第一次印刷　印张：13
字数：307 000

定价：138.00 元
（如有印装质量问题，我社负责调换）

序

　　一座座山川相连的青藏高原，蕴藏着多少远古的呼唤和千年的祈盼。这里不仅是国家发展和民族复兴的战略高地，也是地学工作者探寻自然的试验场。青藏高原表层覆盖着永久冻土和季节性冻土，它是全球生态系统的重要组成部分，全球气候的变化会导致冻土状态发生变化。随着全球气温的上升，冻土出现退化，释放存储其中的有机碳，增加大气中的温室气体浓度，加剧气候变化。冻土的变化，也将影响高原冻土区基础设施的建设和运营。2019 年 9 月 25 日，政府间气候变化专门委员会（IPCC）发布的《气候变化中的海洋和冰冻圈特别报告》（SROCC）预测，21 世纪内将发生大范围的冻土融化，即使全球升温小于 2℃，到 2100 年有近 1/4 的多年冻土将融化。如果温室气体排放继续大幅增加，近 70%的近地表多年冻土将消失。开展青藏高原冻土研究，应对冰冻圈前所未有的持久性变化，服务国家"一带一路"发展战略，具有重要意义。

　　合成孔径雷达（SAR）是主动微波遥感传感器，雷达干涉测量(InSAR)技术可以测量地表毫米级的形变。冻土由于夏季融化导致地面沉降，冬季则由于冻结导致抬升，这一过程正好最适合用雷达干涉测量技术来监测，并由此可以反演区域活动层的厚度、土壤含水量、冻土年际变化等冻土的状态和变化。SAR 技术发展迅速，德国 2007 年发射的 X 波段 TerraSAR-X 卫星和 2014 年发射的 TanDEM-X 雷达卫星，其分辨率可达 24 cm，并以伴飞等多种模式实现对地观测。意大利、加拿大、日本、西班牙等国也在发展自己的雷达卫星或星座。我国于 2018 年成功发射了高分 3 号 C 波段雷达卫星。SAR 新技术的发展，已成为许多国家航天发展与竞争的目标，太空中的 SAR 卫星也呈准指数形式增长。这些新技术的涌现和大数据的爆发，不仅为冻土研究开辟了新的疆域，也为冻土工程的精细监测和业务化应用提供了条件。

　　中国科学院空天信息创新研究院研究员、中国科学院大学岗位教授王超同志从事雷达遥感研究 30 多年，近年在国家自然科学基金重点项目和德国宇航中心（DLR）TerraSAR-X/TanDEM-X 计划的支持下，以青藏高原北部北麓河地区为试验区，开展高分辨率 SAR 冻土环境和冻土工程应用研究，取得了很好的成果。这项研究首先考虑到活动层厚度是表示冻土状态的重要参数，而活动层厚度影响着冻土融沉和冻胀的幅度，因此，开展利用 InSAR 技术反演试验区活动层厚度研究。土壤含水量是影响冻土季节形变的另一个参数，也是影响地表雷达回波强度的重要参数之一，因此，利用时间序列双观测模式的 SAR 数据提取土壤含水量是这项研究的另一个重要内容。TerraSAR-X 卫星凝视聚束（staring spotlight）模式提供的 24 cm 分辨率 SAR 图像，可以观测到铁路不同部位的形变、不同路基散热措施控制冻土影响的效果等其他技术及以往 InSAR 系统观测不到的细节，这部分研究内容演示了高分辨率 SAR 图像的冻土工程应用。这些开拓性的研究成果总结成书，不仅反映了雷达遥感冻土研究的前沿进展，对从事冻土环境、冻土工程和雷达遥感的从业者也具有重要的参考价值。

一朵朵白云绽放的青藏高原，承载着多少未解之迷和永久梦幻。穿过云层，雷达波是解开高原之谜的"金钥匙"。相信雷达大数据时代的到来，将会对青藏高原冻土和全球变化有越来越清晰的认识。在此推荐此书并与读者们分享阅读的愉悦，祝王超和他的团队在该领域不断取得更多的成果。

中国科学院院士
科技部原部长
2019 年 11 月 18 日

前　言

青藏高原素有"地球第三极"之称，分布有世界上面积最大的高海拔冻土区，对局部气候甚至全球气候变化产生重要影响。随着全球气候变暖和人类在青藏高原活动的增加，特别是青藏公路和铁路的修建，青藏高原面临多年冻土区面积减小、活动层厚度增加和冻土平均地温升高等冻土退化问题。同时冻土退化还伴随着土壤水分流失、土地沙漠化、植被覆盖度减少以及冻土工程稳定性等生态环境和热融地质灾害问题，这将威胁着青藏高原地区生态环境稳定和工程设施的安全。合成孔径雷达（synthetic aperture radar，SAR）具有全天时、全天候、大范围、高分辨率等特点，能够对青藏高原进行长期连续性观测，是进行青藏高原冻土监测的全新手段之一。

20 世纪 90 年代以来，一系列星载 SAR 系统，如 ERS-1/2、JERS-1、Radarsat-1、Envisat、ALOS-1 等先后发射，为对地观测提供了丰富的数据，青藏高原区域也累积了大量的观测数据。已有学者利用 SAR 进行青藏高原冻土环境和冻土工程研究，但是由于 SAR 分辨率的限制，关于青藏高原冻土特别是冻土工程的精细研究并不多见。2007 年后，德国的 TerraSAR-X 和 TanDEM-X、意大利的 COSMO-SkyMed、加拿大的 Radarsat-2、日本的 ALOS-2 和国产高分 3 号等高分辨 SAR 卫星的成功发射，为我们提供了多极化、多模式的高分辨率 SAR 数据，对青藏高原冻土环境和工程稳定进行更为精细的研究成为可能。

使用超高分辨率 SAR 对青藏高原冻土环境进行研究是一种新的尝试，考虑到青藏高原恶劣的自然地理环境和复杂的多年冻土冻胀融化过程，使用高分辨率 SAR 对其进行研究会产生一系列问题，如应用高分辨率 SAR 在青藏高原地区进行土壤水分反演存在的粗糙度难以计算以及青藏铁路工程精细形变如何刻画等问题。针对这些问题，作者所在的研究团队在这一领域展开探索研究，利用亚米级高分辨率 SAR 图像通过多角度、雷达干涉测量等技术，以青藏高原北麓河为试验区，开展了土壤水分反演、冻土活动层厚度反演和冻土及冻土工程形变监测等研究，针对不同的应用给出了具体的解决方案，从全新的角度及精细的空间模式，认识青藏高原冻土环境和冻土工程及其变化与耦合，为青藏高原冻土和生态环境研究及工程设施保护提供了新的路径。本书是近年来作者在该领域最新研究成果的阶段性总结。

本书共分 6 章。第 1 章为绪论，主要介绍当前青藏高原冻土环境和冻土工程研究的发展，并阐述 SAR 在青藏高原冻土应用中的现状与发展。第 2 章介绍青藏高原北麓河冻土概况，包括北麓河地区自然概况和冻土特征，然后介绍使用的研究数据以及野外测量数据。第 3 章首先从土壤水分、土壤介电常数和粗糙度出发，介绍典型地表土壤水分反演理论基础和方法；然后针对青藏高原复杂的地表环境对高分辨率 SAR 土壤水分反演影响的问题，介绍了一种利用大小入射角 SAR 图像的时间序列进行土壤水分反演的方法。第 4 章介绍 InSAR 和时间序列 InSAR 方法的基本原理，对比分析了典型冻土活动层厚度测量的方法；最后介绍了基于 InSAR 技术的冻土活动层厚度反演方法，并应用于北麓河地区。第 5 章分析青藏高原典型地表覆盖相干特性，在此基础上分别使用了 DInSAR 和时序 InSAR 两种方法提取了青藏铁路形变场，并详细分析青藏铁路形变时空特性。第 6 章对全书内容进行总结，并对青藏高原冻土环境与工程的雷达遥感应用进行展望。

本书作者团队于 2014 年开展高分辨率 SAR 青藏高原冻土研究时，得到了徐冠华院士和郭华东院士的鼓励和支持。研究工作得到了国家自然科学基金重点项目等（41331176、41330634、41801348、41930110）多年的持续资助。TerraSAR-X 数据由德国宇航院（DLR）科学项目（Project number: HYD2420）提供，Sentinel-1A 数据由欧洲空间局（ESA）提供。参加研究与本书撰写工作的人员还有张波、吴樊、许璐等。参加野外调查工作的人员还有刘萌、谢镭、陈金星、张明哲、刘磊、张雪飞、王京和王天正等。中国科学院西北生态环境资源研究院吴青柏、赵林等研究员对本工作提出了许多宝贵意见和建议，并提供了部分野外实测数据。青海省科技厅解源厅长、中国科学院北麓河冻土站陈继站长、中国科学院青藏高原冰冻圈观测试验研究站焦克勤站长、乔永平站长、刘丁暇实验员等对野外工作提供了支持和帮助。中国科学院青藏高原研究所李新研究员、叶庆华研究员，中国科学院遥感与数字地球研究所施建成、陈锟山、鲁安新、李震、陈富龙、廖静娟、郭子祺、肖青等研究员，中国地质大学（武汉）刘修国教授，德国宇航院地球观测中心 A. Roth 博士，意大利国家研究理事会应用物理研究所（CNR-IFAC）S. Paloscia 博士等，对本项研究工作提供了帮助。在此，作者一并表示诚挚的谢意！

由于作者水平有限，写作时间仓促，书中难免存在疏漏和不足之处，敬请读者批评指正。

作　者

2019 年 9 月

目　　录

第1章 绪 论

青藏高原是地球上面积最大的高海拔冻土区，通过水循环和碳循环对其周围的环境和气候产生重要影响，同时全球气候和局部气候的变化也影响着青藏高原冻土的稳定。随着全球气候变暖，青藏高原面临多年冻土平均地温升高、冻土区面积减小和活动层厚度增加等冻土退化的问题；另外，冻土退化还导致土壤水分流失、土地沙漠化、植被覆盖度减小等生态环境以及冻土工程稳定性的热融地质灾害问题，青藏高原多年冻土的分布格局正在发生变化，已引发了一系列生态和环境问题，这将威胁青藏高原地区生态环境稳定和当地人民生命财产安全。因此，大面积、高精度展开冻土环境研究具有重要意义。近些年，遥感技术的发展为青藏高原冻土环境研究提供了一种新的研究手段，合成孔径雷达（synthetic aperture radar，SAR）由于其全天时、全天候、宽覆盖等优势，在青藏高原冻土环境研究中的应用受到越来越多的关注。

本章首先介绍青藏高原基本概况，回顾青藏高原多年冻土的国内外研究现状，以及SAR在青藏高原冻土环境和冻土工程中的应用发展历史，分析其在青藏高原中的应用和发展趋势和局限性，最后简要介绍本书的主要内容和组织结构。

1.1 全球变化环境下的青藏高原研究

随着人类社会的发展，地球面临着气候变化、能源危机和环境污染等严峻的问题，其中气候问题给人类带来了前所未有的挑战，全球气候变暖则是气候问题中最突出和急需解决的问题，已成为各个领域关注的热点。联合国政府间气候变化专门委员会（IPCC）的报告预测，全球平均气温在21世纪将以每10年上升0.3 ℃的速度升高，高纬度和高海拔地区温度上升的幅度可能更大（焦世晖等，2016）。全球气候变暖对全球冰冻圈的影响巨大，冻土作为冰冻圈的重要组成部分，也受其影响（程国栋，1998）。我国的多年冻土面积约为 2.15×10^6 km²，位于世界第三位，其中青藏高原多年冻土区占我国多年冻土区面积的70%左右，是地球上面积最大的高海拔冻土分布区，通过水循环和碳循环对其周围的环境和气候产生重要影响，同时全球气候的变化和局部气候的变化也影响着青藏高原冻土环境。

冻土是指温度保持在0 ℃或0 ℃以下的土或岩层。与普通土壤一样，冻土也具有特定的矿物组成、密度、含水量和孔隙度等物理化学性质，但是对于一般土壤，一旦这些因素确定了，土壤的性质就基本确定了，而冻土的特殊性在于冻土的这些物理、化学和工程特性与温度有密切的关系。冻土中含有冰，冻土的性质还受含冰量的控制，而冻土中的含冰量直接与温度有关。气候的变化引起冻土中温度的变化，进而引起冻土中的含冰量发生变化，冻土的特性随温度呈现动态变化（张鲁新等，2015）。因此，冻土的性质与温度密切相关，冻土环境的变化受全球气候的影响。

受区域条件和环境差异的影响，不同地区冻土存在的时间长短差异极大，短至数分钟，长可达数万年。根据其冻结时间和状态可以将其分为短时冻土（数小时、数日至半月以内）、季节冻土（半月、数月至两年以内）和多年冻土（两年至数万年以上）（赵林和程国栋，2000）。图1.1是我国冻土类型分布图，可以看到我国多年高海拔冻土区主要分布在青藏高原地区和高纬度的大兴安岭及小兴安岭地区，总面积约 1.75×10^{6} km²，其中青藏高原多年冻土占多年冻土总面积的90%以上。多年冻土是通过活动层、植被和雪盖与大气相互作用而形成和发展的。多年冻土层顶面距离地表的深度称为冻土上限，是多年冻土地区道路设计的重要数据。多年冻土分为两层：上部是夏融冬冻的活动层；下部是终年不融的多年冻结层。描述多年冻土特征的指标通常有冻土分布边界、多年冻土面积、活动层厚度、多年冻土上限、多年冻土下限、多年冻土厚度和多年冻土温度等（赵林和盛煜，2015）。

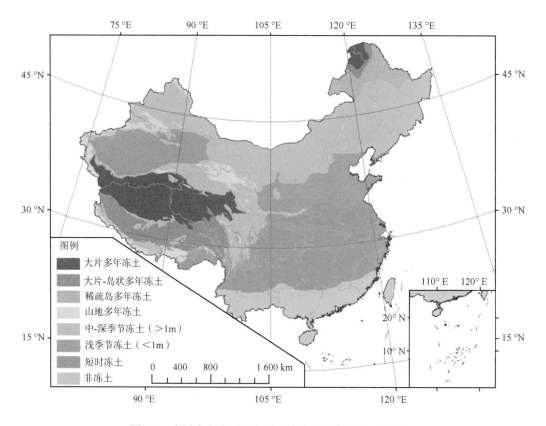

图1.1 我国冻土类型分布图（施雅风和米德生，1988）

伴随着全球气候变暖，全球冻土正在经历着严重的退化，而青藏高原面临的冻土退化问题则更加严峻（唐攀攀，2014）。高原冻土退化主要表现为平均地温升高、多年冻土面积减少、活动层厚度增加和多年冻土下界升高等（王绍令，1997；Cheng and Wu，2007）。有研究表明，1950～1980年青藏高原多年冻土区平均地温升高了约0.2℃（Cui，1980）。王绍令的研究结果表明，20世纪70年代后期青藏高原温度持续变暖，导致青藏高原多年冻土呈现区域性退化，多年冻土分布下界上升 40～80 m，青藏高原多年冻土总面积约减少了 1.0×10^5 km²，并预测未来冻土退化的速度会更快（王绍令，1997）。近十几年来，青藏高原多年冻土活动层厚度也发生了显著变化，其中青藏高原东部多年冻土区活动层厚度以 0.71 cm/a 的速度增加（Wu and Zhang，2010）。

冻土退化也引发了一系列自然灾害和生态环境问题。首先青藏高原作为中国乃至全世界的重要碳源存储地，土壤中有机碳总储量大约为 4.9×10^{10} t，约占全国有机碳总量的 26.4%，在碳循环中占有重要的位置（李娜等，2009）。在全球气候变暖的背景下，随着冻土的融化，冻土中所含的碳水化合物可能发生一系列化学反应，最终以甲烷（CH_4）和二氧化碳（CO_2）等碳物质的形式排到大气中，将会进一步加剧全球变暖，对全球气候产生重要影响（王绍令等，1996），其次冻土退化还会引发一系列土壤水分流失、高原生态环境破坏、土壤有机质流失和沙漠化等环境问题（杨兆平等，2010；李元寿等，2008；岳广阳等，2013）。另外，冻土的退化通常还伴随着各种地质灾害，威胁人民的生命财产安全和冻土工程的安全稳定（青藏铁路和青藏公路）。1990 年调查的青藏公路病害率为 31.7%（Cheng，2005；马巍等，2008）。青藏铁路北麓河段在青藏高原平均气温逐年上升的背景下，未来 50 年内的总沉降量可能达到 30 cm（张建明等，2007）。

青藏高原多年冻土区在全球气候变暖和人类活动的影响下，正在经历着严重的退化过程，因此对青藏高原多年冻土环境进行监测研究尤为紧迫，具有非常重要的科学和实际意义。常规的野外物探测量、水准测量和 GPS 测量技术已应用于冻土土壤水分、冻土形变及活动层厚度监测中，并取得了较好的实验结果（刘永智等，2002；庞强强等，2006）。但是由于青藏高原冻土分布广泛，同时环境恶劣、地形险峻、气压低、空气稀薄等，上述传统测量技术需要耗费大量人力和财力，且无法进行大范围监测研究。

遥感技术的进步，特别是 SAR 技术的发展，为青藏高原冻土环境研究提供了一种新方式和选择。由于合成孔径雷达的回波信号与土壤的介电特性密切相关，而土壤的介电特性主要由土壤含水量决定（Njoku et al.，2003），因此利用 SAR 进行土壤水分反演具有很好的物理基础，已成为重要的研究热点（施建成等，2012）。相关学者也利用 SAR 图像进行了青藏高原土壤水分含量的反演，并取得了较好的结果（Van der Velde and Su，2009；Van der Velde et al.，2012）。作为微波遥感领域的一个重要研究方向，合成孔径雷达干涉测量（interferometric SAR，InSAR）与差分干涉测量（differential InSAR，DInSAR）技术通过联合比较分析多幅 SAR 图像的相位信号，能够准确地反演地表的高程及其变化信息，成为近几十年来 SAR 发展最迅速的领域之一（王超等，2002）。与传统的大地测量技术，如 GPS 和水准法相比，它具有高空间分辨率、宽覆盖、重返周期短等传统方法无法比拟的优势，已成功应用于地面沉降、地震形变监测、火山运动研究、山体滑坡等形变监测领域，并已经成为地表形变监测等领域不可或缺的手段之一（王超等，2002）。但在青藏高原多年冻土区，传统的 DInSAR 技术受到时间失相干、空间失相干和大气延迟的影响，其精度难以达到要求。近十几年来，以永久散射体干涉测量（PSI）、小基线集（SBAS）方法为代表的时序 InSAR 分析方法得到了广泛发展（Ferretti et al.，

2000；Berardino et al.，2002）。时序 InSAR 技术通过探测地表稳定散射点的相位信息来获取地表形变信息，能够克服传统 DInSAR 的缺点，其理论精度可以达到毫米级（Ferretti et al.，2000）。其中，谢酬等（2008）、Chen 等（2012）、李珊珊（2012）、赵蓉（2014）、唐攀攀（2014）、Li 等（2015）、Jia 等（2017）利用时序 InSAR 技术，对青藏高原冻土的形变监测进行了相关研究，并对青藏高原冻土和青藏铁路形变规律有了初步认识。

受 SAR 图像分辨率的限制，现有青藏高原冻土形变的应用研究中多使用 ASAR、PALSAR 等中等分辨率 SAR 数据，无法对大型工程（青藏铁路）和冻土地貌等进行精细化研究（张正加，2017）。新型 SAR 数据具有更高的空间和时间分辨率，新型高分辨 SAR 卫星升空使得对青藏高原冻土环境和工程稳定进行更精细的研究成为可能，使用超高分辨率 SAR 对青藏高原冻土环境和工程进行研究是一种新的尝试。考虑到青藏高原恶劣的自然地理环境和复杂的多年冻土冻胀融化过程，使用高分辨 SAR 对其进行研究会产生一系列问题，本书将在这一领域展开深入的研究，希望能为青藏高原多年冻土区的生态环境保护和冻土工程安全维护提供科学依据。

1.2　青藏高原自然环境概况

我国境内的青藏高原地域辽阔，总面积约为 261.5 万 km^2，约占我国陆地面积的 1/4。西起喀喇昆仑山，东至大雪山，北至西昆仑山-阿尔金山-祁连山北麓，南抵喜马拉雅山，有"世界屋脊"之称。经纬度范围：东经 73°20′～104°20′，北纬 26°10′～39°47′，其南北跨约 14 个纬度（1 600 km），东西跨约 29 个经度（2 730 km）。最高海拔为 8 844.43 m 的珠穆朗玛峰，区域平均海拔为 4 000～4 500 m（方洪宾等，2008）。

1.2.1　青藏高原的地形地貌

高原区内主体为高原山地地形，高原山地中夹有宽谷盆地和山间盆地。高原上分布着众多湖泊，高原面下交织着内外流水系。总体地势从西北向东南逐渐倾斜，海拔由 5 000m 以上递降到 4 000 m 左右（图 1.2）。全区由北往南主要包括八大山系：昆仑山山系、祁连山山系、巴颜喀喇山山系、唐古拉山山系、念青唐古拉山山系、冈底斯山山系、喜马拉雅山山系、大雪山山系。这些山系大部分相互平行，显示了清晰的地质构造和地貌骨架（姜琦刚等，2012）。山系之间分布着宽谷、高原和盆地，主要有藏南谷地、藏北-青南高原、柴达木盆地、青海湖盆地等。

青藏高原汇集了我国北方所有的地貌类型，综合全区的地貌类型，主要包括冰川地貌、风成地貌、流水地貌、岩溶地貌和湖泊地貌五大类。

图 1.2 我国境内青藏高原高程图（数据来源：青藏高原科学数据中心）

1.2.2 青藏高原的冰川冻土

青藏高原是世界上中低纬度地区最大的现代冰川分布区，这些现代冰川又是众多河流，特别是我国的母亲河长江、黄河的"摇篮"。青藏高原的地势以及低温有利于冰川的发育，降雨则是影响冰川发育规模和类型特征的重要因子（姜琦刚等，2012）。青藏高原在我国境内统计有现代冰川 36 793 条，冰川面积为 49 873.44 km^2，冰川储量为 4 561.3857 km^3，分别占我国冰川总条数、面积、储量的 79%、84%、81.6%。青藏高原现代冰川主要分布在昆仑山、念青唐古拉山、喜马拉雅山、喀喇昆仑山、帕米尔、唐古拉山、羌塘高原、横断山、祁连山、冈底斯山及阿尔金山等各大山脉（刘宗香等，2000）。

青藏高原是我国冻土最发育的地区，多年冻土面积约为 1.49×10^{6}km^2，占全国高海拔多年冻土面积的 90%，是我国面积最大、最集中，也是世界上中低纬度地区分布范围最大的多年冻土区。青藏高原多年冻土的分布以青南藏北高原为中心向周围展开，基本呈现连续或大片分布，温度低，地下冰层厚。部分地区受纬度和海拔的影响，呈现不连续的岛状分布（图 1.3）。岛状冻土带的多年冻土厚度由几米至二三十米，连续冻土厚度可由二三十米至 130 m，随着海拔增至 4 900 m 以上冻土厚度将会更大（周幼吾等，2000）。除多年冻土以外，青藏高原上还有季节性冻土，主要分布在雅鲁藏布江中游谷地等海拔

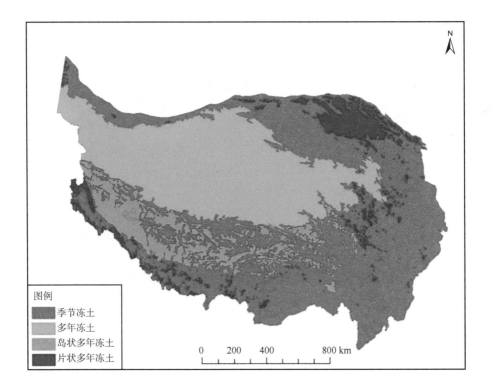

图 1.3　青藏高原冰川冻土分布图（李树德，1996）

较低的地方，这些区域的土层随着季节（温度）变化而出现冻融交替现象，冰冻期时冻土深度可达数米（姜琦刚等，2012）。

1.2.3　青藏高原的湖泊

青藏高原分布有地球上海拔最高、数量最多、面积最大、以盐湖和咸水湖集中为特色的高原内陆湖群，是我国湖泊分布较密集的地区之一，其湖泊总面积约占全国湖泊总面积的一半（王苏民和窦鸿身，1998）。内陆湖泊是青藏高原湖泊的主要形式，广泛分布在羌塘高原数量众多的封闭内流流域内，是黄河、长江、恒河、印度河等大河的源头，为中国西部及周边地区约 20 亿人口提供重要水源，被称为"亚洲水塔"（张国庆，2018）。青藏高原的湖泊以成群分布为特点，湖水总面积约为 41 183.74 km²，大部分分布在海拔 4 100～4 900 m 范围内，这些湖泊大多是面积为 10～100 km² 的小型湖泊，空间上集中分布在高原西部地区，海拔上集中在 4 500～5 000 m 范围内（董斯扬等，2014），其主要分布如图 1.4 所示。面积超过 1 000 km² 的湖泊有青海湖、纳木错、色林错等；面积超过 100 km² 的湖泊有 71 个；面积大于 10 km² 的湖泊有 417 个。

在气候快速变暖的背景下，第三极地区冰冻圈不仅对区域水资源与广泛分布的湖泊

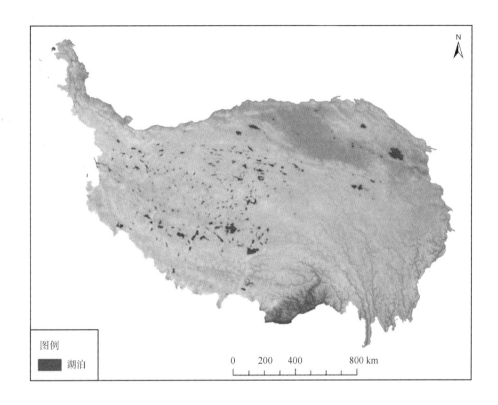

图 1.4　青藏高原主要湖泊分布

变化产生重要影响，也对区域气候变化及水循环加强产生了重要作用，导致第三极地区
湖泊变化模式与世界其他地区不同，甚至相反。

1.2.4　青藏高原的气候

　　青藏高原气候属于独立的青藏高原高寒气候，具有独特的天气气候特征，其基本特
点是：太阳辐射强，日照时间长；气温低而年温差较大，昼夜温差大；冬季寒冷漫长，
夏季凉爽短暂；降雨地域差异大，东南部雨水较多，西部干燥多风；空气稀薄，含氧量
低，形成了独特的高原气候（姜琦刚等，2012）。

　　青藏高原最冷月平均气温低至−15～−10 ℃，暖季只有 10～18 ℃，大部分区域年均
气温小于 0 ℃。高原年均日照时间在 1600～3400 小时，强烈的太阳照射使得青藏高原
地表和近地表白昼气温急剧升高，夜间气温骤降，导致昼夜温差极大。青藏高原雨季与
干季分明，降水大多集中在 5～9 月，个别地区雨季开始较迟。降水在全年的分配上有
两种形势，喜马拉雅山南麓和雅鲁藏布江河谷地区呈双峰型，其他各地基本呈单峰型，
峰值在 7 月或 8 月，一般占全年降水量的 90%；每年的 10 月至翌年 4 月，降水量仅占
全年的 10%～20%（白虎志，2004）。另外高原降雨具有明显的地域性差异，高原北部

和南部呈现反相变化关系，年降水量自藏东南谷地的 5 000 mm，向西逐渐减至 50 mm（方洪宾等，2008）。全区年均蒸发量达 2 000 mm 以上，相对湿度在 50%以下。

由于受到冷空气活动和高空风的作用，青藏高原多大风天气，大部分区域年均大风日数超过 50 天以上，阿里地区 8 级大风以上的大风日在 150 天以上。受大风天气和干旱气候的影响，高原地区，尤其是柴达木盆地地区，冬季和春季时常出现沙尘暴天气。

1.2.5　青藏高原的植被

青藏高原的隆起和抬升形成了其自身独特的自然环境和气候特征，造就了中国现代季风格局，影响着全球气候的变化和亚洲植被格局的分布，形成了世界上著名的高原地带性植被格局。青藏高原的植物种类十分丰富，主要植被类型有高寒灌丛、高寒草甸、高寒沼泽草甸、高寒草原、高寒荒漠、高寒垫状植被和高寒流石坡稀疏植被类型，生长季大约从 5 月初持续到 10 月中旬（赵林和盛煜，2015）。青藏高原的植被从东南到西北随着自然水热条件、垂直高度和坡度等因素的变化，依次出现森林、草甸、草原和荒漠，植被种类是东南多、西北少（于伯华，2009），呈现出明显递减的变化趋势（图 1.5）。

图 1.5　青藏高原植被指数（2016 年 5 月）

1.3 青藏高原冻土环境和工程研究动态

1.3.1 青藏高原多年冻土环境的国内外研究现状

为了满足经济社会的发展,特别是国家西部大开发战略的展开以及青藏高原铁路的修建,我国研究学者对青藏高原冻土展开了深入研究。青藏高原冻土北麓河冻土观测站的修建,为铁路冻土工程的研究提供了有效的数据支撑,同时对青藏高原冻土生态环境、水文等研究提供了实验数据。进入 20 世纪 80 年代,卫星遥感技术迅速发展,以其宽覆盖和快速监测的优势,为冻土环境研究提供了新的方法和机遇,冻土研究进入了多样化和多学科交叉研究的繁荣时代。目前,对青藏高原多年冻土的研究主要集中在以下几个方面。

1. 高原湖泊研究

青藏高原因其独特的地理位置及气候特征,成为全球环境变化的敏感响应区,在过去 50 年里,受到温室效应的影响,全球平均气温的增长速度达到 0.15~0.20 ℃/10 a,而青藏高原区域的增长率更是达到约 0.45 ℃/10 a(Xu et al.,2008),此外青藏高原的环境变化也对全球的环境变化具有强烈影响,青藏高原已成为全球气候变化的驱动机与放大器。青藏高原湖泊星罗棋布,是地球上海拔最高的湖泊密集区,其总面积超过 45 000 km²,受到全球气候变暖的影响,青藏高原湖泊自 20 世纪 90 年代开始呈现大范围剧烈扩张趋势。进入 21 世纪之后,湖泊扩张程度加剧,且湖泊变化具有明显的区域性特征,主要表现为高原西南部湖泊萎缩或缓慢增减,高原东北大部分区域以及青海南部湖泊稳定扩张(杨珂含等,2017),青藏高原湖泊的面积、水位变化与气候变化和冰川退缩存在紧密的内在联系,是青藏高原环境变化的重要敏感要素,对它们进行动态变化监测对于理解全球环境变化具有重要意义。

早在 1983 年,中国科学院青藏高原综合科学考察队就对纳木错、色林错等湖泊进行了一系列科考工作(鲁安新等,2006),但是受高原恶劣自然环境的制约且高原地域广阔,研究者只能针对某几个典型的湖泊开展研究,并且难以持续获得对湖泊的动态变化监测,随着遥感技术逐渐成熟,通过遥感图像可以从大范围的青藏高原区域快速获取湖泊信息,并且利用多时相遥感数据实现对湖泊的动态变化监测(鲁安新等,2006;万玮等,2014)。目前已有多颗卫星遥感数据被用于青藏高原的湖泊动态监测中,其中以光学卫星为主,主要包括低空间分辨率的 MODIS、AVHRR 卫星,中分辨率的 Landsat 系列卫星、中巴地球资源卫星、环境减灾卫星、中高分辨率的 SPOT、IKONOS 卫星,以及近年来米级、亚米级的 QuickBird、IKONOS、SPOT 6-7、Gaofen-2、Ziyuan-3 卫星数据等,而星载 SAR 凭借其全天时、全天候的观测能力,在最近几年也开始用于青藏高原湖泊的监测中,其中主要卫星包括 ERS-1/2、ENVISAT-ASAR、RADARSAT-1/2、ALOS-1/2 以及 TerraSAR-X 等,此外,还包括其他传感器的卫星,如激光测高的 ICESat、全球重力卫星 GRACE。

青藏高原湖泊遥感监测的核心是湖泊的提取算法,其方法主要包括单波段阈值法、水体指数法和遥感图像分类方法。单波段阈值法是利用水体在近红外波段几乎不存在反射光，以及雷达波在水体表面呈现镜面反射的特性，进行单阈值分割，来提取水体信息，但是该方法易受到复杂地物的影响，难以区分水体信息和山体阴影（Sanyal and Lu，2004；陆家驹和李士鸿，1992）。遥感图像分类算法主要包括非监督分类算法和监督分类算法，这些算法具有较高的水体提取精度，但是对选择样本的代表性和数量等要求较高，水体提取效率较低（Sheng et al.，2008）。水体指数法是目前青藏高原湖泊面积动态监测中常用的方法，其中常用的水体指数包括归一化水体指数（normalized difference water index，NDWI）（McFeeters，1996）、改进的归一化水体指数（modification normalized difference water index，MNDWI）（Xu，2006）、增强型水体指数（enhanced water index，EWI）（徐涵秋，2012）、自动水体提取指数（automated water extraction index，AWEI）（Feyisa et al.，2014）和高分辨率水体指数（HRWI）（Yao et al.，2015）。

此外，骆剑承等提出的分布迭代水体提取算法，应用"全局-局部"的思想自适应选取 NDWI 阈值，避免辐射、地表信息等差异对水体信息提取精度的干扰（骆剑承等，2009）；李均力等结合 NDWI 与 DEM 阴影探测算法，生成山体阴影掩膜，去除阴影对于水体提取造成的影响，进一步提高了湖泊信息提取的自动化程度（李均力等，2011a）。Verpoorter 等（2014）结合水体指数算法和图像分割分类算法，提出了全球水体自动提取算法（GeoCover TM water bodies extraction method，GWEM），实现了全球范围内大量湖泊的自动化信息提取。在青藏高原湖泊提取的基础上，研究人员利用多时相的遥感数据开展了青藏高原湖泊动态变化监测。杨日红等（2003）利用 1972 年的 MSS 数据、1992 年的 TM 数据与 1999 年的 ETM 数据分析了色林错湖的面积变化。沈芳和匡定波（2003）针对青藏高原湖泊扩张与萎缩变化显著的特点，展开了遥感调查与研究，收集了多时相多源遥感图像数据，分析了 1975~2000 年湖泊的变迁。李均力等利用 Landsat 长时间序列遥感图像，对青藏高原内流流域内所有湖泊进行了长达 40 年的观测，制作了青藏高原内流流域 1970s、1990s、2000s 以及 2009 年四期湖泊分布图，分析了湖泊变化的时空特征（李均力等，2011b）。闫立娟和齐文（2012）使用 Landsat 数据，提取了青藏高原所有湖泊信息，建立了我国盐湖空间数据库，并分析了青藏高原从 20 世纪 70 年代到 2000 年湖泊面积的动态变化情况。赵云等（2017）结合 Cryosat-2/SIRAL 与 Envisat/RA-2 GDR 数据，获得了青海湖 2002~2015 年的水位变化信息。

2. 青藏高原冰川研究

青藏高原作为全球中低纬度地区最大的冰川分布区，其冰川面积约为 5 万 km^2，它不仅是亚洲许多著名江河的发源地，也是内陆干旱区的重要水资源地，其变化趋势与气候的变化息息相关。随着近几十年遥感技术的飞速发展，遥感已成为全球尺度冰川持续观测的重要技术手段。基于遥感的冰川监测应用主要包括冰川的提取与制图、冰川储量的变化监测等方面（叶庆华等，2016）。

1）冰川的提取与制图

利用遥感图像资料提取冰川的方法主要有监督分类法和非监督分类法、主成分分析法、比值阈值法、雪盖指数法和多源法等。张世强和卢健（2001）利用高光谱图像提取青藏高原喀喇昆仑山区现代冰川边界，发现运用监督分类法可以区分雪盖和融化雪，但容易将冰舌部分和阴影部分混淆；而非监督分类法则会严重地混淆冰舌部分与其他地物。雪盖指数法是一种对植被指数的推广，其值在−1～1，可以很好地识别冰川与冰碛物。Silverio 和 Jaguet（2005）利用雪盖指数法提取秘鲁冰川，根据目视解译和明暗度直方图，确定雪盖阈值大于 0.52。阈值法则是利用冰川与其他地物的不同反射特性，区分出冰川与周围环境。由于冰川雪、冰舌等对可见光和中红外波段的反射率和吸收率不同，阈值法又分为红色波段、中红外波段和近红外波段、中红外波段。Andreassen 等（2008）研究从 1930 年起挪威的 Jotunheimen 冰川目录时，经过提取结果对比，发现 TM3/TM5 比 TM4/TM5 更能精确地提取冰川边界，并且当阈值大于 2.0 时，甚至可以很好地区分冰与雪。

2）冰川储量的变化监测

冰川储量变化研究往往是通过比较不同时期的冰面高程数据来获得的。实地立体摄影测量、差分 GPS/DGPS 或探地雷达测量，可直接获取观测点冰面高程数据，但是仅适用于单个典型冰川的小范围观测。20 世纪 60 年代以来的光学立体像对，相关人员利用航空像片、星载光学立体像对（如 SPOT 5/HRS、ASTER、ALOS/PRISM）来生成 DEM，并结合高度计、历史地形图、实测 GPS 点等不同时期测量的地表高程数据，估算冰面高程/冰储量变化。光学立体像对方法具有覆盖范围大、分辨率较高、数据源广泛等优点，但易受云、雪的影响。20 世纪 90 年代出现的 InSAR 技术可以全天时、全天候地通过比较同一地区的两幅或多幅 SAR 图像的相位信号，获得区域的高程及其变化信息，而被应用于冰川变形、冰流速度、冰量变化研究中，成为研究冰川、冰原的重要工具（程晓等，2005）。2000 年美国国家航空航天局（National Aeronautics and Space Administration，NASA）利用"奋进号"航天飞机携带的 C/X 波段雷达，采用单轨双天线模式，通过 InSAR 方法在 11 天内获得了覆盖全球 80%地区的 DEM，其成为冰面高程变化研究中的重要基础数据。2011 年德国 DLR 的 TerraSAR-X 与 TanDEM-X 卫星组成了世界上首个星载 SAR 双站模式，通过 InSAR 处理获得了比 SRTM 精度更高的全球 DEM，这将成为冰面高程变化研究的重要数据（Neckel et al.，2013）。

此外，ICESat（the NASA ice，cloud，and land elevation satellite）搭载的激光测高系统（geoscience laser altimeter system，GLAS）在 2003～2009 年获取了全球大部分地区地表高程数据（Zwally et al.，2002），其测点精度可达米级甚至 10 cm 量级，被广泛应用于湖泊水位变化和冰面高程变化研究，并在研究陆地冰储量变化中发挥了重要作用，但 ICESat 数据仅限于卫星轨迹观测点分布，而无法应用于没有测点分布的区域（Bamber and Rivera，2007）。2002 年由 NASA 和 DLR 合作研制的重力卫星（the gravity recovery and climate experiment，GRACE），为陆地水储量、冰储量变化提供了新的监测手段，其在极地与山地冰川研究中得到了广泛应用（Tapley et al.，2004）。

3. 多年冻土的退化研究

数十年来，在全球气候变暖的背景下，青藏高原气候也有明显的变化，气候变化影响着青藏高原的冻土发育和分布，而多年冻土范围、活动层厚度和空间分布的变化则是对气候变化的响应。温度的上升导致青藏高原多年冻土不断融化，多年冻土面积持续缩小。王绍令等（1997）的研究结果表明，20 世纪 70 年代后期开始，青藏高原气候持续变暖，导致青藏高原多年冻土呈现区域性退化，多年冻土分布下界上升 40～80 m，高原多年冻土总面积减少了约 0.1×10^6 km²，并预测未来冻土退化的速度会更快。Cheng 和 Wu 的研究表明，受气候变化的影响，过去 30 年青藏高原北部多年冻土下限升高了 25 m，青藏高原南部冻土区多年冻土下限升高了 50～80 m，同时地下 6 m 处的温度在 1996～2001 年升高了 0.1～0.3 ℃（Cheng and Wu，2007）。Wu 等估算了青藏铁路和公路沿线 190 钻孔监测的温度值，结果显示温度上升引起了活动层厚度以 7.5 cm/a 的速度增加（Wu and Zhang，2010）。李韧等对青藏高原多年冻土区 10 个观测场的监测资料进行分析，结果表明，研究区活动层厚度 30 年来以 1.33 cm/a 的速率增大，多年冻土上限温度、50 cm 土壤温度及 5 cm 土壤积温均呈现升高趋势（李韧等，2012）。

随着多年冻土的不断退化，青藏高原地区的气候和生态环境也在发生着剧烈变化。首先是冻土退化对高原冻土区水文环境的影响。近 40 年来，高原多年冻土面积由 1.5×10^6 km² 缩减为 1.26×10^6 km²，冻土的退化从根本上改变了冻土区水文地质条件，并导致地下水动态特征产生显著变化（程国栋和金会军，2013）。冻土退化导致了冻土区热喀斯特地貌的发育，截至 2009 年，青藏高原热喀斯特湖总面积约为 3.5×10^5 km²，并且冻融湖的面积每年还在增加（焦世晖等，2016）。湖水表面温度变化是对气候变化的重要响应，Zhang 等（2014）利用 MODIS LST 产品研究了 52 个有可利用 MODIS 温度产品覆盖湖泊的湖水表面温度变化，发现平均湖水温度变化率为 0.012 ℃/a，升温湖泊湖面平均变化率为 0.055 ℃/a，降温湖泊湖面平均变化率为−0.053 ℃/a。同时冻融湖的发育对周边的冻土会产生显著影响，湖岸多年冻土地温呈逐年升高的趋势，并且这种增大的趋势比在自然状态下更加明显（罗京等，2012）。随着多年冻土的持续退化，多年冻土土壤温度逐渐升高，土壤含水量逐渐下降，有机质含量降低，高寒生态系统发生以植被覆盖度减小、高寒草原草甸面积萎缩等为主要形式的显著退化，植被生产力和土壤有机碳输入量都减少（李娜等，2009）。植被的退化也进一步影响了高寒生态系统的碳循环和碳储量，同时也加剧了青藏高原多年冻土区的沙漠化问题。有研究表明，冻土退化是导致青藏高原地区发生干旱和沙漠化的关键因素（Yang et al.，2004）。赵建华等（2005）利用 685 个沙尘暴站、412 个冻土深度和 706 个气温站的观测资料，分析了近 50 年沙尘暴与冻土深度的时空分布特征，统计结果表明，沙尘暴与冻土深度之间存在很强的相关性。

4. 冻土形变及活动层厚度研究

冻土冻结和融解最直接的表现为冻土抬升和下沉。冻土形变是影响青藏铁路工程路基稳定性最主要的因素之一，是冻土学研究的热点。传统监测冻土形变的方法主要有水准测量和 GPS 观测等大地测量方法，以及埋设仪器、物探和电磁波的方法。王绍令等（1996）通过钻孔数据分析了青藏公路铺筑沥青路面后路基下多年冻土的变化。刘永智等通过水准测量方法获取青藏公路的形变，分析了冻土区路基的形变特征，并通过公路路基形变规律总结了不同类型多年冻土路基形变的过程（刘永智等，2002）。孙增奎等利用水准数据对青藏高原某实验段的铁路路基形变数据进行分析，结果显示，天然冻土上限的变化导致路基的形变，同时指出路基形变还与路基坡向、降水量和地基类型等因素有关（孙增奎等，2003）。刘尧军等通过埋设水准倾斜仪展开了青藏铁路形变和地物监测的研究工作（刘尧军等，2003）。靳德武等对青藏高原冻土区热融塌陷体的形变进行了分析（靳德武等，2006）。丑亚玲等通过水准数据对高原多年冻土区路基稳定性及阴阳坡效应展开了深入研究（丑亚玲等，2007）。马巍等（2008）基于现场监测资料，对青藏铁路沿线几种不同保护冻土的路基形式进行形变和地温分析，发现所有的路基形变均以沉降形式为主，且形变大小与路基地下的冻土地温变化密切相关。随着人类活动增加，特别是青藏铁路和青藏公路的修建不仅改变了路基下多年冻土的温度场，而且改变了地基土的受力状态，冻土工程附近的形变更加复杂。

在活动层厚度反演方面，目前主要有实地测量和模型反演两种方法。实地测量方法主要有钻孔法和直接挖掘法等。程国栋（1984）统计了高海拔多年冻土分布下界与纬度的关系，建立了山地多年冻土下界分布的高程模型，研究结果表明，该模型可以真实地反映高原冻土分布情况。Wu 和 Zhang（2010）利用 190 个沿青藏铁路和公路钻孔的记录温度和热量梯度，估算了青藏高原地区的冻土温度、热梯度和厚度的空间分布特征。实地测量方法只能得到点上的活动层厚度信息，不能获得大范围、全局范围的活动层厚度信息。模型反演法主要有 Stefan 法、Kudryavtsev 法和 Nelson 法。Stefan 法假设地表吸热全部用于土壤中冰的融化，Kudryavtsev 法在温度的基础上，综合考虑积雪、植被和土壤的影响（王澄海等，2009）。Nelson 法的基本原理与 Stefan 法一致，采用最暖月和最冷月的资料，根据土壤的热传导方程推算地面温度，并结合 Stefan 公式推算出活动层厚度（Nelson et al.，2002）。庞强强等考虑土壤性质、植被覆盖等对活动层厚度的影响，用 Kudryavtsev 公式计算了青藏高原多年冻土区的季节融化深度和季节冻土区的季节冻结深度，计算的结果较好地反映了青藏高原冻土区的活动层深度分布和活动层的空间变化规律（庞强强等，2006）。张中琼等利用 Stefan 公式，以 A1B、A2、B1 气候变化情景模式为基础，计算和预测了青藏高原多年冻土区活动层厚度的变化特征（张中琼和吴青柏，2012）。上述介绍的反演模型属于大中尺度模型，它们主要受经纬度及地形海拔的影响，实际上，在小尺度范围内，冻土的分布主要受局地的环境气候和土壤物理性质等因素的影响。

1.3.2 SAR 在青藏高原冻土环境中的应用研究现状

过去几十年，随着探测技术，特别是对地观测技术的发展，人们对青藏高原冻土环境的研究不断深入，从以前的基于"点"的地表信息研究转变成现在的基于"面"的地表信息研究，研究的尺度范围也越来越大。本节将重点阐述 SAR 在多年冻土环境中的应用研究。目前，SAR 在青藏高原冻土环境中的应用主要包括以下几个方面，本节将对其研究发展进行详细综述。

1. SAR 土壤水分反演

国内外学者对雷达后向散射系数与土壤水分的关系进行了大量系统的研究工作。目前利用 SAR 数据反演土壤水分的方法主要可以分为两大类：理论模型和经验/半经验模型。理论模型主要包括几何光学模型（geometrical optical model，GOM）、物理光学模型（physical optical model，POM）、小扰动（small perturbation model，SPM）模型和积分方程模型（integral equation model，IEM）（Chen et al.，1995）。其中 IEM 是应用最广泛的理论模型，该模型基于电磁波辐射传输方程的地表散射模型，能在一个很宽的地表粗糙度范围内反演地表后向散射情况，经过近些年的不断改善，模型模拟结果精度不断提高（李森，2007）。但是上述理论模型对于地表粗糙度的描述偏于理想，且理论模型本身比较复杂，很难直接用于土壤水分反演，同时模型模拟结果与实际测量值不一致（Baghdadi et al.，2006）。经验模型将实地测量的土壤含水量与雷达后向散射系数建立一定的回归关系。经典的经验模型是线性模型，可以用该模型建立土壤含水量和雷达后向散射系数之间的一种线性关系。经验模型计算简单，且在局部地区能够得到较好的反演结果，但是使用该模型通常受到实验区的限制，在某一个特定地区建立的经验模型很难适用于其他区域（Rahman et al.，2007）。半经验模型是理论模型和经验模型的一种折中模型（Baghdadi et al.，2006）。这种模型通过理论模型模拟的数据进行拟合，得到土壤含水量、土壤粗糙度与雷达后向散射系数的关系。相对于经验模型而言，半经验模型的优势在于不受实验区限制，具有代表性的半经验模型有 Oh 型、Chen 型和 Shi 型（Oh，2004；Dubois et al.，1995；Chen et al.，1995）。

虽然使用 SAR 数据在裸地农田的土壤水分反演中取得了较好效果，但是在青藏高原地区的应用则面临着巨大挑战。高原地区地表往往高低起伏不平，没有农田那么规整平坦，如何对地表粗糙度进行描述是一个亟待解决的问题。Van der Velde 等利用 ASAR 数据对青藏高原那曲地区的土壤水分反演做了大量的研究工作（Van der Velde and Su，2009；Van der Velde et al.，2009）。针对土壤粗糙度的问题，一般首先利用在冬季获得的三景不同入射角的 SAR 图像，比较其后向散射系数与 IEM 模型模拟的后向散射系数，利用最优估计算法估算出实验区的土壤粗糙度；然后将估算的土壤粗糙度和一景新的 SAR 数据作为输入数据，用 IEM 模型即可计算获得土壤含水量（Van der Velde et al.，2012）。针对植被覆盖的问题，Van der Velde 等通过分析实验区时序 NDVI 和雷达后向散射系数的关系，发现 NDVI 对于雷达后向散射系数的贡献很小，因此在其研究工作中都没有考虑植被覆盖的影响（Van der Velde and Su，2009）。随后，有研究学者利用类似的方法估算土壤粗糙度，利用植被参数（归一化植被指数、叶面积指数等）消除植被的影响，进而得到土壤水分的估计。

2. InSAR 在青藏高原冻土形变监测中的应用

InSAR 通过两幅天线同时观测，或进行两次重复观测，获取地表同一地区的两次观测，即获得 SAR 图像对。InSAR 技术通过研究雷达图像对的干涉相位信息，从而得到地表物体的高程信息。为了获取地表运动形变信息，DInSAR 利用两幅或三幅 SAR 图像及外部 DEM 数据以消除地形相位，从而生成差分干涉图，得到观测时间内的地表形变信息。传统的差分干涉技术包括两轨法和三轨法。两轨法的优点是不用对干涉图进行相位解缠，避免了解缠的困难，缺点是需要外部 DEM 与 SAR 图像的精确配准。为了克服传统 InSAR/DInSAR 技术所面临的时间-空间去相干和大气延迟等因素的影响，研究学者提出了时间序列 InSAR 技术，它通过选择时间序列上 SAR 图像中的稳定目标进行干涉分析，获取地表的缓慢形变信息。

国内外学者将 InSAR 技术用于高原冻土区域的形变监测已开展了一系列研究,并取得了较好的研究成果。Wang 等首次用 DInSAR 方法得到了加拿大北部冻土区的形变信息，并对形变信息进行分析，证实了 InSAR 技术在反演冻土区形变中的潜力（Wang and Li，1999）。随后国内学者也纷纷使用 DInSAR 技术监测冻土形变，李震 2004 年基于重复轨道 ERS-1/2 图像，利用干涉 SAR 技术探究了冻土形变，获取研究区最大垂直沉降量为 110 cm，与实测数据基本吻合，表明 InSAR 技术可准确监测冻土地表形变（李震等，2004）。王平等（2010）使用 ALOS PALSAR 数据并采用 DInSAR 技术对青藏高原地区进行形变反演，结果显示，其形变结果符合冻土的物理变化规律，证明了 PALSAR 数据在高原地区形变监测的良好的应用前景，但其形变反演的精度受空间、时间、大气去相干的影响严重（Zebker and Villasenor，1992），随后研究学者纷纷使用时序 InSAR 技术监测冻土形变。

2008 年，谢酬等利用永久散射体方法进行青藏铁路北麓河段的冻土形变监测，并与实测数据对比，结果显示，北麓河路段路基的形变在趋势上是正确的，证实了永久散射体技术在高原冻土形变研究中的潜力。Liu 等（2010）使用 InSAR 技术研究了美国阿拉斯加北部的多年冻土的形变，研究中将形变分为长时间形变和季节性形变，借鉴 Stefan 公式建立了与累计融化时间平方根成正比的季节形变模型，获得了较为可靠的结果。Yuan（2011）采用与时间序列 InSAR 技术类似的形变模型对格林兰岛东北部的 Zackenberg 的冻土形变进行研究。李珊珊（2012）提出了周期形变模型来替代 SBAS 方法中的线性形变模型，对青藏铁路羊八井至当雄段冻土区的形变进行研究。Chang 等（2014）也利用周期形变模型的方法对青藏高原羌塘区域 80 km 的青藏铁路形变进行了研究，结果显示部分铁路路基不稳定，年沉降速率超过 10 mm/a，同时铁路路基的季节性形变超过了 15 mm。Jia 等（2017）使用了类似的形变模型对五道梁区域的 2007～2009 年冻土形变进行了探索。Chen 等（2012）针对冻土季节性形变，提出使用三次方形变模型描述冻土形变，对青藏高原北麓河区域冻土形变进行研究。结果显示研究区域的冻土形变速率在−20～20 mm/a 变化，并详细分析了气候变暖和人类活动对冻土和冻土工程形变的影响。赵蓉（2014）考虑环境因子和冻土内部结构对冻土的影响，提出了考虑环境因子和冻土内部结构的冻土形变模型，并对当雄至羊八井区域的冻土形变进行反演，结果显示研究区周期形变量介于 4～5.5 cm，青藏铁路和公路的周期季节形变量介于 3～4 cm。唐攀攀（2014）尝试使用分布目标 InSAR 技术反演青藏高原北麓河和玛多地区的热融湖区形变，结果显示提取了大量分布目标点的有效信息，增加了热融湖区点的相干点密度,证实了分布目标 InSAR 技术在高原地区形变监测的潜力。Daout 等（2017）利用 InSAR 技术并使用 Envisat 宽覆盖模式数据反演了 2003～2011 年青藏高原区域大范围的季节形变量（$240 \times 250 \ \text{km}^2$），并对研究区的季节性形变的延迟进行了探讨。

以上基于 InSAR 技术反演冻土形变的应用分析中，冻土形变反演的模型主要有以下五类：线性形变模型、三次方形变模型、线性加周期形变模型、基于冻土融化过程的形变模型和考虑环境因子的冻土形变模型，相关的应用实例如表 1.1 所示。

表 1.1　基于 InSAR 技术的冻土形变模型

名称	模型定义	应用
线性形变模型	$d = vt$	谢酬等，2009；唐攀攀，2014；Li et al.，2016
三次方形变模型	$d = \sum_{i=1}^{n=3} a_i t^i$	Chen et al.，2012
线性加周期形变模型	$d = vt + a_1 \sin\left(\dfrac{2\pi}{T} t\right) + a_2 \cos\left(\dfrac{2\pi}{T} t\right)$	李珊珊，2014；Chang et al.，2014；Li et al.，2015；Jia et al.，2017
基于冻土融化过程的形变模型	$d = vt + a_1 \sqrt{A}$	Liu et al.，2010；Yuan，2011；Liu et al.，2012；Daout et al.，2017
考虑环境因子的冻土形变模型	$d = \sum_{i=1}^{n=3} a_i t^i + b_1 T(t) + b_2 P(t)$	赵蓉，2014；Zhao et al.，2016

注：d 为累积形变量；v 为形变速率；t 为获取图像时刻相对于参考时间的时间累积量；T 为季节性形变周期，通常取值为 1 年；A 为观测时刻相遇对冻土融沉开始时刻的时间间隔；a_1，a_2，b_1，b_2 为模型待求参数。

3. InSAR 技术反演活动层厚度研究

冻土形变与冻土的活动层厚度息息相关，基于利用 InSAR 技术获得的大面积冻土形变进行冻土活动层厚度的反演正成为冻土研究的热点。冻土冻融作用是一个复杂过程，受众多环境因素的影响，很难通过 InSAR 反演的形变量直接反演活动层厚度。目前利用 InSAR 技术反演活动层厚度仍处于探索阶段。

Liu 等（2012）采用时序 InSAR 技术研究了阿拉斯加湾冻土季节性融沉形变与冻土活动层厚度之间的关联，研究中假设将冻土形变分为长时缓慢形变和季节性形变，季节性形变是由冻土活动层冻融作用引起的，根据水由固态变为液态的过程，建立如下模型：

$$\delta = \int_0^{\text{ALT}} PS \frac{\rho_w - \rho_i}{\rho_i} \mathrm{d}h \qquad (1.1)$$

式中，δ 为冻土沉降量；ALT 为活动层厚度；P 和 S 分别为土壤孔隙和土壤湿度饱和数；ρ_w 和 ρ_i 分别为水密度和冰密度；$\mathrm{d}h$ 为冻土融化深度增量。假设夏季研究区水处于饱和状态，根据 InSAR 求得的季节性形变，反演得到研究区域的活动层厚度，实验结果与观测的活动层厚度相符。随后，Li 等（2015）和 Jia 等（2017）利用类似的反演模型对土壤孔隙度和土壤饱和度进行简化，反演了青藏高原地区的活动层厚度。但是上述方法存在如下不足：仅利用了冻土融化季节的 SAR 数据，不能反映冻土完整的形变过程；没有考虑土壤湿度的影响，或假设土壤湿度处于饱和状态。

2014 年，赵蓉利用 SBAS-InSAR 技术获取了冻土的形变值，对冻土形变的分层计算原理进行简化，提出了一种反演活动层参数的算法。近似地认为冻土融化下沉量由两部分组成，即与外载荷无关的融沉量和与压力成正比的压密下沉量，其表达式为

$$S=S_1+S_2=A_0h+a_0Ph \qquad (1.2)$$

式中，S 为总下沉量；A_0 为多年冻土活动层融化下沉系数；h 为冻土融化深度处的土层厚度（cm），a_0 为融化土层的融化压缩系数；P 为融化土层的自重压力。通过查阅文献得到研究区的 A_0、a_0、P 经验值，结合 SBAS-InSAR 技术得到的形变量即可得到研究区的活动层厚度等参数，并预测了研究区冻土活动层厚度未来的变化。该模型没有考虑到不同地貌、土质及土壤含水量对 A_0、a_0、P 的影响。

1.3.3 高分辨率 SAR 卫星发展

通过对目前 SAR 在青藏高原冻土环境中研究应用的分析，发现上述青藏高原冻土形变及活动层厚度反演等研究使用的是中等分辨率的 SAR 数据，其分辨单元大小往往是十几米甚至上百米，无法对青藏高原地物进行精细的分辨（Wang et al.，2015）。例如，针对青藏铁路的研究，中低分辨率 SAR 图像无法对其准确定位，铁路的结构特征也无法区分，只能在青藏沿线取缓冲区对其进行粗略描述观测，无法对青藏铁路的结构特征和形变信息进行精细分析，此外在中低分辨率 SAR 图像中无法分辨青藏高原冻土区独特的地貌环境特征。近些年，新型高分辨率 SAR 卫星的发射升空，如加拿大的 Radarsat-2（Morena et al.，2004）、德国的 TerraSAR-X 和 TanDEM-X（Krieger et al.，2007）、意大利的 COSMO-SkyMed（Covello et al.，2010）、日本的 ALOS-PALSAR2（Kankaku et al.，2013）、中国的高分三号（张庆君，2017）、英国的 NovaSAR-1（Ningthoujam et al.，2016）、西班牙的 PAZ（Koppe et al.，2014）、阿根廷的 SAOCOM-1（Bordoni et al.，2015），卫星获取的 SAR 图像分辨率达到了米级，为地物的精细监测应用提供了新的发展机遇。下面将对新一代星载高分 SAR 系统成像模式及相关参数做详细介绍。

1. Radarsat-2

Radarsat-2 是加拿大太空署和 MDA 公司合作研发并于 2007 年 12 月发射的第二代商业 SAR 卫星。Radarsat-2 具有最高 1 m 分辨率的成像能力，多种极化方式使用户选择更灵活，根据指令可以通过左右视切换获取图像，缩短卫星的重访周期，增加立体数据的获取能力。另外，卫星具有强大的数据存储功能和高精度姿态测量及控制能力，同时具备左右视切换功能，提高了卫星的应急响应能力。作为 Radarsat-1 的后继星，Radarsat-2 不仅继承了 Radarsat-1 的优点，而且在数据观测模式、分辨率和极化观测能力等方面得到了加强，可以为用户提供全极化方式的高分辨率 SAR 图像，已成为目前重要的 SAR 数据来源。

Radarsat-2 具有丰富的成像模式（图 1.6），主要包括条带、宽扫描和聚束三种模式，不同模式对应不同的极化方式、图像分辨率和覆盖范围。根据处理的级别，不同工作模式主要包括三种产品：斜距产品、地距产品和地理纠正产品。

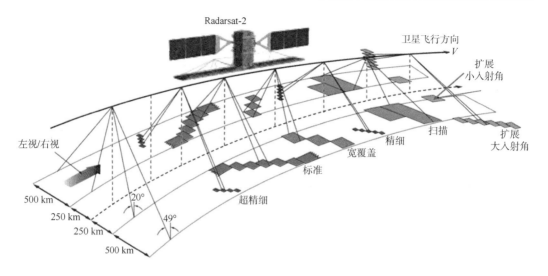

图 1.6　Radarsat-2 工作模式（Morena et al.，2004）

目前加拿大正在研制 Radarsat 星座，用于接替 2007 年发射的 Radarsat-2 卫星。星座计划由 3 颗 C 波段小卫星组成，单颗卫星质量为 1 560 kg，均匀分布在高度为 600 km 的同一轨道上面，可实现 4 天的严格回归，设计寿命为 7 年。系统具有聚束、条带、扫描三种观测模式，系统具备双极化、全极化和减缩极化模式。此外，系统可实现每天全球 50 m 分辨率的重复观测。RCM 计划主要应用在三大领域中，包括海事监控（海冰、风场模拟、溢油检测、船舶监测等）、灾害管理（减灾预警、灾害响应等）、生态监测（农业、湿地、森林和海岸线监控等）（De Lisle et al.，2018；Séguin and Ahmed，2009）。RCM 已于 2019 年 6 月 12 日成功发射。

2. TerraSAR-X

TerraSAR-X 卫星是德国 2007 年 6 月 15 日发射的第一颗高分辨率雷达卫星，也是世界上第一颗商用分辨率达到 1 m 的雷达卫星，可全天时、全天候地获取用户要求的任一成像区域的高分辨率图像。运行波段是 X 波段，能够提供多入射角、多极化方式的高质量 SAR 数据，可以应用于地形测绘、区域观测、灾害监测及资源调查等多个领域。目前 TerraSAR-X 能提供四种工作模式的 SAR 数据：聚束模式（spotlight，SL）、高分辨聚束模式（high-resolution spotlight，HS）、条带模式（stripmap，SM）和宽覆盖扫描模式（ScanSAR，SC），能够提供不同分辨率（1 m—3 m—16 m）、不同覆盖范围（10 km—30 km—100 km）的 SAR 数据，以满足不同的应用需求（倪维平等，2009）。

SC 拥有较大的幅宽、较低的空间分辨率。通过雷达波束在数个连续的子观测带之间的转换来实现大区域的观测成像，实际获取的观测带包含 4 个子观测带，其极化方式为单极化方式（HH 或 VV），成像分辨率约为 16 m，数据采集范围为 15°～60°，全效率范围为 20°～45°，幅宽大小约为 100 km × 150 km。

SM 是常用的成像模式，通过沿飞行方向固定天线指向来实现。天线的轨迹在飞行系统运行时照亮的区域表面形成一个条带。其极化方式为单极化（HH 或 VV）、双极化（HH/HH、HH/HV、VV/VH）和全极化（HH/VV/HV/VH）三种。相应地，其成像分辨率在单极化方式时为 3 m，在双极化方式时为 6 m，数据采集范围为 15°～60°，全效率范围为 20°～45°，幅宽大小在单极化方式时为 30 km×50 km，在双极化方式时为 15 km×50 km。

在 SL 模式下将雷达天线控制在整个成像时段内，照射所要求的区域，其持续时间比标准的条带观测时间长，这样就能增加天线合成孔径长度并因此增加方位分辨率。这也是 TerraSAR-X 的最高分辨率拍摄模式。其极化方式为单极化（HH 或 VV）和双极化（HH/HV）。相应地，其成像分辨率单极化方式为 1 m（HS）、双极化方式为 2 m（SL），数据采集范围为 15°～60°，全效率范围为 20°～55°，幅宽大小在单极化方式时为 10 km×10 km，在双极化方式时为 5 km×10 km。

根据处理的级别 TerraSAR-X 主要提供以下四种数据产品：单数复数据斜距产品、多视地距幅度产品、以地理椭球为参考的地理编码产品和以 DEM 地形为参考纠正的地理产品。

2010 年，为了增强 TerraSAR-X 卫星的地形测绘任务，搭载了与 TerraSAR-X 卫星相同传感器的 TanDEM-X 卫星发射升空，并与之前发射的 TerraSAR-X 卫星构成双星串飞结构，组成了 SAR 干涉处理的 tandem 工作模式（图 1.7）。TanDEM-X 和 TerraSAR-X 组成编队飞行，可以构成一个高精度、高相干性的雷达测量系统，在地形测量、形变监测、灾害监测、运动目标的监测等方面发挥重要作用。

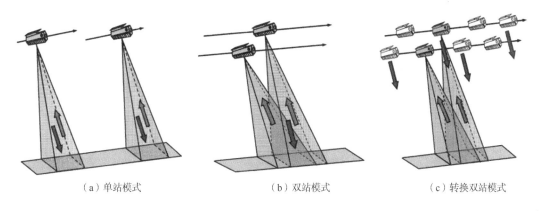

（a）单站模式　　　　　　　　　（b）双站模式　　　　　　　　　（c）转换双站模式

图 1.7　TanDEM-X 获取数据的三种模式（Krieger et al.，2007）

2013 年 TerraSAR-X 提供了一种新的聚束模型图像产品（staring spotlight，ST）模式，这是一种特殊的聚束成像模式。图 1.8 给出了 TerraSAR-X ST、聚束和条带三种成像模型的成像观测示意图。对于固定观测长度，ST 模式能够保持旋转中心不变，进而得到最佳的方位向分辨率；而聚束模式的旋转中心往后偏移，导致其方位向分辨率减小，但是其覆盖范围增大。ST 模式可以选择合适的旋转中心，其方位向分辨率和图像覆盖范围能够相应调整，ST 模式 SAR 图像方位向分辨率能达到 0.215 m。图 1.9 是 TerraSAR-X ST 模式和 HS 模式图像（Mittermayer et al.，2014），可以看到，ST 模式数据中地物细节更加明显，信噪比更高，具有特有的辐射增强，更适用于地物精细解译应用。
TerraSAR-X ST 模式的数据成像参数如表 1.2 所示。

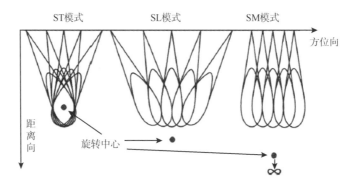

图 1.8　TerraSAR-X ST、SL 和 SM 模式成像旋转中心位置示意图（Mittermayer et al.，2014）

图 1.9　TerraSAR-X ST 模式图像（左）和 HS 模式图像（右）（Mittermayer et al.，2014）

表 1.2　TerraSAR-X ST 模式的数据成像参数

参数	数值	参数	数值
Hamming 权重	0.6	方位向范围	2.2～3.3 km
入射角	20°～50°	距离向范围	>5 km
重复采样频率	3.8～4.7 kHz	方位向分辨率	0.215 m
SNR	<3.5 dB	地距分辨率	1.7～0.75 m

3. COSMO-SkyMed

COSMO-SkyMed 是意大利航天局和意大利国防部共同研发的空间对地观测系统，
其星座由 4 颗太阳同步轨道卫星组成,每颗卫星都搭载具有多个成像模式的 X 波段 SAR
传感器。第一颗卫星于 2007 年 6 月发射升空，并于 2010 年 11 月完成卫星星座布设并进入正式运营的模式。COSMO-SkyMed 系统是一个服务于民间和军事的两用对地观测系统。为了满足雷达干涉测量的需求，其星座设计可实现观测时间间隔为 20 秒的串飞 tandem 模式，以降低时间和大气去相干的影响[图 1.10（a）]。与 TerraSAR-X 卫星一样，COSMO-SkyMed 同样具有聚束、条带、扫描三种工作模式[图 1.10（b）]。在聚束和条带模式下，COSMO-SkyMed 可分别获得 1 m 和 3 m 的高分辨率图像。条带模式不仅可提供单极化数据，还可以获得双极化数据。

目前 COSMO-SkyMed 数据产品可以分为标准产品、高级产品和辅助产品。其中标准产品根据处理级别可以分为：0 级产品（原始信号）、1A 级产品、1B 级产品和 1C/1D 级产品，供不同用户进行使用。

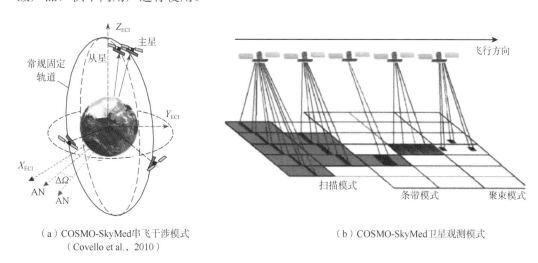

（a）COSMO-SkyMed串飞干涉模式　　　　　　　　　　（b）COSMO-SkyMed卫星观测模式
（Covello et al.，2010）

图 1.10　COSMO-SkyMed 成像模式

4. ALOS-2—PALSAR

2014 年 5 月，由日本 JAXA 研发的搭载了 PALSAR-2 SAR 传感器的 ALOS-2 卫星在航天中心发射。作为 ALOS-1 卫星的后继星，ALOS-2 沿用 ALOS-1 传统拍摄模式，利用中继卫星，可大量获取地球观测数据，而且卫星的重返周期大大缩短为 14 天（Kankaku et al.，2013）。与 ALOS-1 运营方式的最大不同之处是，它还可提供编程拍摄。ALOS-2 卫星提供 L 波段 1 m、3 m、6 m、10 m 以及扫描模式的多极化高分辨率雷达数据，是目前唯一的一颗 L 波段全极化 SAR。ALOS-2 是一颗具有较强穿透能力的高分辨率雷达卫星，在地表沉降、地壳监测、防灾减灾、农林渔业、海洋观测以及资源勘探等领域有较高的应用价值。

5. 高分三号

高分三号（GF-3）是我国首颗分辨率达到 1 m 的 C 频段多极化合成孔径雷达卫星，卫星发射重量约为 2 779 kg，在轨设计寿命为 8 年，卫星运行轨道高度约 755 km，于 2016 年 8 月 10 日在太原卫星发射中心发射成功，2017 年 1 月 23 日正式投入使用。GF-3

的空间分辨率是 1～500 m，幅宽是 10～650 km，不但能够大范围普查，还可以一次获得最宽 650 km 的图像，还能高分辨详查，清晰地分辨出陆地上的道路、一般建筑和海面上的舰船，同时具备左右姿态机动扩大对地观测范围和快速响应的能力。由于具备 1 m 分辨率成像模式，高分三号卫星成为世界上 C 频段多极化 SAR 卫星中分辨率最高的卫星系统。GF-3 号卫星具有 12 种成像模式，是目前世界上成像模式最多的 SAR 卫星，成像模式按照实现方式可归为 5 类工作模式：聚束、条带、超精细条带、扫描和波模式，如图 1.11 所示。

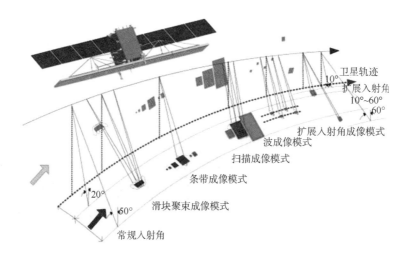

图 1.11　高分 3 号工作模式

6. NovaSAR-1

NovaSAR-1 是一项技术实验卫星任务，旨在测试新的低成本 S 波段 SAR 平台的功能。该航天器由萨瑞卫星技术公司（Survey Satellite Technology Limited, SSTL）设计和制造，由空中客车防务与航天公司开发的 S 波段 SAR 有效载荷，NovaSAR-1 将在 SSTL 位于英国吉尔福德的航天器运营中心运营，这是一种小型 SAR 卫星，质量为 440 kg，是空间分辨率优于 1 m 的地球观测卫星。两颗卫星已于 2018 年 9 月由 PSLV-C42 火箭发射升空。NovaSAR-1 是世界上首颗在 10:30 赤道交叉时间运行的商用 SAR 卫星，提供了更多的日光成像和夜间采集机会，为雷达观测提供了时间多样性（表 1.3）。

表 1.3　NovaSAR-1 成像参数

成像模式	空间分辨率（距离、方位）	幅宽/km	极化方式	视数（距离、方位）	入射角/(°)
6 m_条带模式_近距	(6，6)	20	单极化（HH 或 VV）	(1，1)（4，1）	16～25.37
6 m_条带模式_中距	(6，6)	14～20	单极化（HH 或 VV）	(1，1)（4，1）	21.29～31.20
20_ScanSAR_近距	(20，20)	100	单极化（HH 或 VV）	(2，2)	15～24.66
20_ScanSAR_中距	(20，20)	50	单极化（HH 或 VV）	(2，2)	24.50～28.93

续表

成像模式	空间分辨率 （距离、方位）	幅宽/km	极化方式	视数（距离、方位）	入射角/（°）
30_ScanSAR_近距	（30，30）	150	单极化（HH 或 VV）	（2，2）	11.29～25.92
30_ScanSAR_中距	（30，30）	50	单极化（HH 或 VV）	（2，2）	25～29.94
20_ScanSAR_近距	（20，20）	50	双极化（HH，VV）	（2，2）	15～19.59 或 19.76～24.47
30_ScanSAR_中距	（30，30）	55	三极化（HH，VV，HV）	（2，2）	15～20.56
海上模式	（6，13.69）	400	单极化（HH）	（1，1）	34.49～57.26

NovaSAR-1 有效载荷具有专用的海上模式，设计宽度为 400 km，可以监测海洋环境，并可与 AIS 船只跟踪数据同时提供直接的雷达船舶探测信息，以协助识别和跟踪海洋船只。除了在海事模式下运行以外，NovaSAR-1 还针对三种额外的成像模式进行了优化，这些成像模式将适用于洪水监测、农业和林业等多个行业应用。

7. PAZ 卫星

PAZ 卫星是西班牙国家对地观测计划（Spanish national observation program，PNOTS）的一部分，于 2018 年 2 月 17 日上午通过 SpaceX 的"猎鹰 9 号"火箭发射升空。PAZ 是西班牙首颗雷达观测卫星，主要服务于西班牙观测。PAZ 卫星可提供条带、聚束、扫描三种成像模式的 SAR 数据，成像范围为 10～100 km。PAZ 是一颗 X 波段的卫星，传感器参数与 TerraSAR-X/TanDEM-X 一致，并具有相同的运行轨道参数，三者可以组成星座的形式进行对地观测（图 1.12）。三颗卫星星座在 5.5 天内可以完成全球成像，并且全球 60%的区域可以完成至少两次成像（Koppe et al.，2014）。

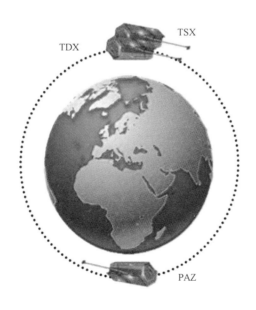

图 1.12 TSX/TDX-PAZ 星座

8. 阿根廷的 SAOCOM-1 卫星

2018 年 10 月 7 日阿根廷合成孔径雷达卫星系列（SAOCOM）的首星 SAOCOM-1A 于美国加利福尼亚州范登堡空军基地 4E 发射台由"猎鹰 9 号"火箭发射，卫星在发射约 12 分钟后进入预定轨道。SAOCOM 系列合成孔径雷达卫星系统分为 SAOCOM-1 及 SAOCOM-2 两个星座，其中 SAOCOM-1 由 SAOCOM-1A 及 SAOCOM-1B 两颗 L 波段 SAR 卫星组成，每颗卫星的发射质量为 1 600 kg，所有技术指标也相同，SAOCOM-2 的技术指标将会进一步提升。SAOCOM 系列合成孔径雷达卫星系统将与意大利的四颗 X 波段 SAR 卫星 COSMO-SkyMed 组成 SIASGE 星座（意大利阿根廷应急卫星系统），主要用途包括农作物产量监测、自然灾害防治等（Bordoni et al.，2015）。

主要星载高分 SAR 卫星系统的成像参数如表 1.4 所示，相比于上一代 SAR 卫星系统，新一代 SAR 卫星系统的图像分辨率由十几米提高到数米甚至 1 m，在数据定标和数据的解译性方面得到很大提高。高分辨率 SAR 卫星系统具有几大优势：①超高分辨率使得地物散射特征更细致；②重返周期更短，能够监测到地表快速的变化和形变；③新型高分辨率 SAR 卫星轨道参数更精确，定位精度更高，有利于地物的分辨（周立凡，2014）。国内外对使用高分辨率 SAR 图像的应用展开了大量研究，主要应用在城市建筑提取、特征分析、单个建筑和大型工程形变监测等方面（Lazecky et al.，2017；Balz and Düring，2017），取得了显著成效。

表 1.4 主要在轨星载高分 SAR 系统参数

任务持续时间	传感器	波段	波长/cm	工作模式	入射角/(°)	分辨率/m 距离向	方位向	极化方式	重返周期/天
2007 年至今	Radarsat-2	C	5.6	条带	20~49	20~30	7.5	全极化	24
				扫描	20~45	25~40	25~35	双极化	
				聚束	20~49	2~5	1	单极化	
2007 年至今	TerraSAR-X	X	3.1	条带	20~45	1~3	2.4	全极化	11
				扫描	20~45	2~3	16	单极化	
				聚束	20~55	1	0.2~1	单极化/双极化	
2007 年至今	COSMO-SkyMed	X	3.1	条带	20~60	3~15	3	全极化	1~8
				扫描	20~60	7~30	16~20	双极化	
				聚束	20~60	1	1	单极化	
2014 年至今	ALOS-PALSAR2	L	22.9	条带	8~70	3~10	3~10	全极化	14
				扫描	8~70	60	60	单极化/双极化	
				聚束	8~70	3	1	单极化	
2016 年至今	GF-3	C	5.6	条带	20~50	50~500	50~500	双极化/全极化	1.5~29
				扫描	17~50	3~25	3~25	双极化	
				聚束	20~50	1	1	单极化	

2013 年，TerraSAR-X 卫星提供的 ST 全新成像模式数据产品，方位向分辨率能达到 0.24 m（Mittermayer et al.，2014），能够进一步得到地物散射细节特征。超高分辨率 SAR 卫星的发展，使青藏高原精细化研究成为可能，对冻土地貌和冻土工程结构进行精细的辨识和观测提供可靠的数据源，也使对冻土环境和冻土工程（青藏铁路和青藏公路）及地表地貌进行更精细的研究成为可能，同时也对青藏高原冻土环境及冻土工程研究提出了新的挑战。目前使用高分辨率 SAR 对青藏高原冻土环境及工程进行研究尚处于初级阶段，国际和国内的相关应用还没有展开，一方面由于青藏高原冻土气候环境恶劣，对冻土环境的研究还不够深入；另一方面，青藏高原特殊的环境以及冻土复杂的冻融作用过程对相关的 SAR 技术提出了挑战。

通过对国内外文献的阅读和思考，利用高分辨率 SAR 数据开展青藏高原的冻土环境研究及工程形变监测应用研究，还存在以下问题需要进行深入研究。

（1）在土壤水分反演方面，已经对使用 SAR 数据在裸地进行土壤水分反演进行了大量研究，并取得了不错的效果。但是使用 SAR 数据进行高原土壤水分研究，特别是利用高分辨率 SAR 数据进行高原土壤水分研究还处于初级阶段，因为缺乏辅助数据来对地表粗糙度进行假设，所以青藏高原地表粗糙度研究很复杂，且常规的模型方法模拟出来的地表粗糙度计算值偏小，导致水分反演结果存在较大的误差。

（2）在冻土工程形变监测方面，目前研究通常使用中低分辨率 SAR 图像研究铁路工程形变，但中低分辨率 SAR 图像往往不能分辨青藏铁路，无法对青藏铁路的结构及形变进行精细分析。目前关于高分辨率 SAR 的时序 InSAR 技术在青藏铁路和公路的形变监测研究中的应用很少，高分辨率 SAR 能够精细地分辨冻土工程的结构，提供冻土工程结构详细的形变信息、冻土形变的细节特征等，但同时面临着如失相干、形变过程复杂等问题，需要对其进行深入研究。

（3）在青藏高原活动层厚度反演方面，目前通过时序 InSAR 技术反演活动层厚度通常是建立季节形变与活动层厚度的直接关系，缺少考虑冻土冻融形变过程以及土壤孔隙度和土壤含水量的影响，导致反演的结果通常具有较大误差。

1.4　本书内容与结构

本书围绕高分辨率 SAR 在青藏高原冻土环境与工程中的应用，分别研究了青藏高原北麓河地区的土壤水分反演、冻土活动层厚度反演和冻土及冻土工程形变监测，从全新的高度及精细的空间模式，认识青藏高原冻土环境和冻土工程机理变化规律，为青藏高原冻土和生态环境研究及工程设施保护提供新的路径。

全书共分为 6 章，各章主要内容安排以及各章节的相互关系如图 1.13 所示。

第 1 章为绪论，介绍研究青藏高原冻土环境和工程的背景和意义，多年冻土、SAR 土壤水分反演及时间序列 InSAR 技术的国内外研究现状，并给出了本书的主要研究内容和章节安排。

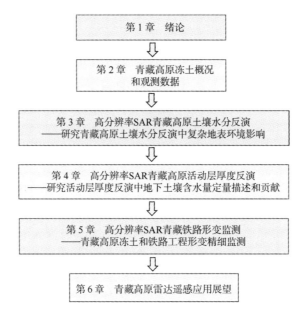

图 1.13　各章节安排

第 2 章首先介绍青藏高原北麓河地区的概况，包括地理环境、地物类型、气候特点、冻土特性；然后介绍书中所用的实验数据，包括 TerraSAR-X 数据、SRTM DEM 数据和野外实验测量数据。

第 3 章开展高分辨率 SAR 图像青藏高原土壤水分研究。在本章中，针对青藏高原复杂的地表环境对土壤水分反演的影响，利用不同入射角的时间序列 TerraSAR-X 图像，开展了青藏高原北麓河地区土壤水分反演工作，提出了一种土壤水分反演算法。该算法利用野外实测土壤水分数据与后向散射系数之间的关系建立了一个线性回归模型；考虑到土壤粗糙度的影响，并利用冬季小入射角和大入射角的后向散射系数的比值来表示地表粗糙度对雷达散射信号中的贡献成分。使用最小二乘法对构建的反演模型进行求解，并用野外实测数据对反演结果进行了验证。

第 4 章开展青藏高原冻土区形变和活动层厚度反演研究。围绕 InSAR 技术反演活动层厚度过程中的两个核心因素而展开。考虑到研究区的地貌和土壤类型，首先利用 SAR 幅度图将研究区分为草甸区和荒漠区；然后根据不同地貌类型实测的地下水含量数据，构建相关模型对地下土壤水含量随深度变化进行定量描述；最后结合 InSAR 反演的冻土季节性形变和地下水含量模型反演得到研究区的活动层厚度，并利用观测数据对研究结果进行验证。

第 5 章介绍高分辨率 SAR 青藏高原冻土工程形变监测。在本章分别用 DInSAR 和时序 InSAR 两种方法反演青藏铁路的季节形变。在时序 InSAR 反演阶段，根据冻土冻融作用过程及温度的影响，将冻土形变分为长时缓慢形变和短时季节性形变，结合 Stefan 模型构建了与冻融指数平方根成正比的季节形变相位模型，得到对研究区冻土的形变反演。详细分析了青藏铁路在高分辨率 SAR 图像中的结构特征和形变特征，并对铁路路基的形变不连续性、铁路路肩形变的不对称性和阴阳坡效应对铁路形变的影响进行了详细探讨。

第 6 章为总结与展望。对本书在青藏高原冻土环境与工程应用中的研究工作进行总结，最后结合未来 SAR 卫星系统对青藏高原冻土环境与工程的雷达遥感应用进行展望。

参 考 文 献

常清, 王思远, 孙云晓, 等. 2014. 青藏高原典型植被生长季遥感模型提取分析. 地球信息科学学报, 16(5): 815-823.

程国栋, 金会军. 2013. 青藏高原多年冻土区地下水及其变化. 水文地质工程地质, 40(1): 1-11.

程国栋. 1984. 我国高海拔多年冻土地带性规律之探讨. 地理学报, 39(2): 185-193.

程国栋. 1998. 中国冰川学和冻土学研究 40 年进展和展望. 冰川冻土, 20(3): 213-226.

程晓, 范湘涛, 王长林, 等. 2005. 基于 JERS-1 雷达干涉测量的南极冰盖信息提取. 极地研究, 17(2): 99-106.

丑亚玲, 盛煜, 马巍. 2007. 青藏高原多年冻土区铁路路基阴阳坡表面温差的计算. 岩石力学与工程学报, 26: 4102-4107.

董斯扬, 薛娴, 尤全刚, 等. 2014. 近 40 年青藏高原湖泊面积变化遥感分析. 湖泊科学, 26(4): 535-544.

方洪宾, 赵福岳, 张振德, 等. 2009. 青藏高原现代生态地质环境遥感调查与演变研究. 北京: 地质出版社.

姜琦刚, 李远华, 邢宇, 等. 2012. 青藏高原湿地遥感调查及生态地质环境效应研究. 北京: 地质出版社.

焦世晖, 王凌越, 刘耕年. 2016. 全球变暖背景下青藏高原多年冻土分布变化预测. 北京大学学报(自然科学版), 52(2): 249-256.

靳德武, 牛富俊, 李宁. 2006. 青藏高原多年冻土区热融滑塌变形现场监测分析. 工程地质学报, 14(5): 677-682.

李均力, 盛永伟, 骆剑承, 等. 2011b. 青藏高原内陆湖泊变化的遥感制图. 湖泊科学, 23(3): 311-320.

李均力, 盛永伟, 骆剑承. 2011a. 喜马拉雅山地区冰湖信息的遥感自动化提取. 遥感学报, 15(1): 29-43.

李娜, 王根绪, 高永恒, 等. 2009. 青藏高原生态系统土壤有机碳研究进展. 土壤, 41(4): 512-519.

李韧, 赵林, 丁永建, 等. 2012. 青藏公路沿线多年冻土区活动层动态变化及区域差异特征. 科学通报, 57(30): 2864-2871.

李珊珊. 2012. 基于 SBAS 技术的青藏铁路区冻土形变监测研究. 长沙: 中南大学硕士学位论文.

李树德, 程国栋. 1996. 青藏高原冻土图. 兰州: 甘肃文化出版社.

李元寿, 王根绪, 丁永建, 等. 2008. 青藏高原高寒草甸区土壤水分的空间异质性. 水科学进展, 19(1): 61-67.

李震. 2004. 差分干涉 SAR 冻土形变检测方法研究. 冰川冻土, 26(4): 389-396.

刘尧军, 岳祖润, 李忠. 2003. 青藏铁路高原冻土区段路基沉降形变和地温监测. 铁道标准设计, (4): 26-27.

刘永智, 吴青柏, 张建明, 等. 2002. 青藏高原多年冻土地区公路路基变形. 冰川冻土, 24(1): 10-15.

刘宗香, 苏珍, 姚檀栋, 等. 2000. 青藏高原冰川资源及其分布特征. 资源科学, 22(5): 49-52.

鲁安新, 姚檀栋, 王丽红, 等. 2005. 青藏高原典型冰川和湖泊变化遥感研究. 冰川冻土, 27(6): 783-792.

罗京, 牛富俊, 林战举, 等. 2012. 青藏高原北麓河地区典型热融湖塘周边多年冻土特征研究. 冰川冻土, 34(5): 1110-1117.

骆剑承, 盛永伟, 沈占锋, 等. 2009. 分步迭代的多光谱遥感水体信息高精度自动提取. 遥感学报, 13(4): 604-615.

马巍, 刘端, 吴青柏. 2008. 青藏铁路冻土路基变形监测与分析. 岩土力学, 29(3): 571-579.

庞强强, 李述训, 吴通华, 等. 2006. 青藏高原冻土区活动层厚度分布模拟. 冰川冻土, 28(3): 390-395.

沈芳, 匡定波. 2003. 青海湖最近 25 年变化的遥感调查与研究. 湖泊科学, 15(4): 289-296.

施建成, 杜阳, 杜今阳, 等. 2012. 微波遥感地表参数反演进展. 中国科学: 地球科学, 42(6): 814-842.

施雅风, 米德生. 1988. 中国冰雪冻土图(1: 400 万). 北京: 中国地图出版社.

孙增奎, 王连俊, 白明洲, 等. 2003. 青藏高原多年冻土区铁路路堤变形特征研究. 中国安全科学学报, 13(8): 25-28.

唐攀攀. 2014. MT-InSAR 技术监测青藏高原多年冻土形变. 北京: 中国科学院遥感与数字地球研究所博士学位论文.

王超, 张红, 刘智, 等. 2002. 苏州地区地面沉降的星载合成孔径雷达差分干涉测量监测. 自然科学进展, 12(6): 621-624.

王澄海, 靳双龙, 吴忠元, 等. 2009. 估算冻结(融化)深度方法的比较及在中国地区的修正和应用. 地球科学进展, 24(2): 132-140.

王绍令, 赵秀锋, 郭东信, 等. 1996. 青藏高原冻土对气候变化的响应. 冰川冻土, 18(S1): 157-165.

王绍令. 1997. 青藏高原冻土退化的研究. 地球科学进展, 12(2): 164-167.

王苏民, 窦鸿身. 1998. 中国湖泊志. 北京: 科学出版社.

谢酬, 李震, 李新武. 2009. 青藏高原冻土形变监测的永久散射体方法研究. 武汉大学学报(信息科学版), 34(10): 1199-1203.

徐涵秋. 2012. 从增强型水体指数分析遥感水体指数的创建. 地球信息科学学报, 10(6): 776-780.

闫立娟, 齐文. 2012. 青藏高原湖泊遥感信息提取及湖面动态变化趋势研究. 地球学报, 33(1): 65-74.

杨珂含, 姚方方, 董迪, 等. 2017. 青藏高原湖泊面积动态监测. 地球信息科学学报, 19(7): 972-982.

杨日红, 于学政, 李玉龙. 2003. 西藏色林错湖面增长遥感信息动态分析. 国土资源遥感, 15(2): 64-67.

杨兆平, 欧阳华, 宋明华, 等. 2010. 青藏高原多年冻土区高寒植被物种多样性和地上生物量. 生态学杂志, 29(4): 617-623.

叶庆华, 程维明, 赵永利, 等. 2016. 青藏高原冰川变化遥感监测研究综述. 地球信息科学学报, 18(7): 920-930.

岳广阳, 赵林, 赵拥华, 等. 2013. 青藏高原西大滩多年冻土活动层土壤性状与地表植被的关系. 冰川冻土, 35(3): 565-573.

张国庆. 2018. 青藏高原湖泊变化遥感监测及其对气候变化的响应研究进展. 地理科学进展, 37(2).

张建明, 刘端, 齐吉琳. 2007. 青藏铁路冻土路基沉降变形预测. 中国铁道科学, 28(3): 12-17.

张鲁新, 熊治文, 韩龙武. 2015. 青藏铁路冻土环境和冻土工程. 北京: 人民交通出版社.

张庆君. 2017. 高分三号卫星总体设计与关键技术. 测绘学报, 46(3): 269-277.

张世强, 卢健. 2001. 刘时银利用高光谱图像提取青藏高原喀喇昆仑山区现代冰川边界. 武汉大学学报(信息科学版), (5): 435-440.

张正加. 2017. 高分辨率 SAR 数据青藏高原冻土环境与工程应用研究. 北京: 中国科学院大学(中国科学院遥感与数字地球研究所)博士学位论文.

张中琼, 吴青柏. 2012. 气候变化情景下青藏高原多年冻土活动层厚度变化预测. 冰川冻土, 34(3):

505-511.

赵建华, 俞亚勋, 孙国武. 2005. 冻土对沙尘暴的影响研究. 中国沙漠, 25(5): 658-662.

赵林, 程国栋. 2000. 青藏高原五道梁附近多年冻土活动层冻结和融化过程. 科学通报, 45(11): 1205-1211.

赵林, 盛煜. 2015. 多年冻土调查手册. 北京: 科学出版社.

赵蓉. 2014. 基于 SBAS-InSAR 的冻土形变建模及活动层厚度反演研究. 长沙: 中南大学硕士学位论文.

赵云, 廖静娟, 沈国状, 等. 2017. 卫星测高数据监测青海湖水位变化. 遥感学报, 21(4): 633-644.

周立凡. 2014. 城市重大工程区高分辨率永久散射体雷达干涉地表形变监测. 杭州: 浙江大学博士学位论文.

周幼吾, 郭东信, 邱国庆, 等. 2000. 中国冻土. 北京: 科学出版社.

Andreassen L M, Paul F, Kaab A, et al. 2008. Landsat-derived glacier inventory for Jotunheimen, Norway, and deduced glacier changes since the 1930s. The Cryosphere, 2(2): 131-145.

Baghdadi N, Holah N, Zrib M. 2006. Soil moisture estimation using multi-incidence and multi-polarization ASAR data. International Journal of Remote Sensing, 27(10): 1907-1920.

Balz T, Düring R. 2017. Infrastructure stability surveillance with high resolution InSAR. In IOP Conference Series: Earth and Environmental Science(Vol. 57, No. 1, p. 012013). IOP Publishing.

Bamber J L, Rivera A. 2007. A review of remote sensing methods for glacier mass balance determination. Global Planet Change, 59(1-4): 138-148.

Berardino P, Fornaro G, Lanari R, et al. 2002. A new algorithm for surface deformation monitoring based on small baseline differential SAR interferograms. IEEE Transactions on Geoscience and Remote Sensing, 40(11): 2375-2383.

Bordoni F, Younis M, Rodriguez-Cassola, et al. 2015. SAOCOM-CS SAR imaging performance evaluation in large baseline bistatic configuration. 2015 IEEE International Geoscience and Remote Sensing Symposium(IGARSS).

Chang L, Hanssen R F. 2015. Detection of permafrost sensitivity of the Qinghai-Tibet railway using satellite radar interferometry. International Journal of Remote Sensing, 36(3): 691-700.

Chen F, Lin H, Li Z, et al. 2012. Interaction between permafrost and infrastructure along the Qinghai-Tibet Railway detected via jointly analysis of C-and L-band small baseline SAR interferometry. Remote Sensing of Environment, 123: 532-540.

Chen K S, Yen S K, Huang W P. 1995. A simple model for retrieving bare soil moisture from radar-scattering coefficients. Remote Sensing of Environment, 54(2): 121-126.

Cheng G D. 2005. A roadbed cooling approach for the construction of Qinghai—Tibet Railway. Cold Regions Science and Technology, 42(2): 169-176.

Cheng G, Wu T. 2007. Responses of permafrost to climate change and their environmental significance, Qinghai-Tibet Plateau. Journal of Geophysical Research: Earth Surface, 112(F2).

Covello F, Battazza F, Coletta A, et al. 2010. COSMO-SkyMed an existing opportunity for observing the Earth. Journal of Geodynamics, 49(3): 171-180.

Cui Z. 1980. Periglacial phenomena and environmental reconstruction in the Qinghai-Tibet Plateau. Collection of Geological Research Papers for the International Exchange, 109-115.

Daout S, Doin M, Peltzer G, et al. 2017. Large-scale InSAR monitoring of permafrost freeze-thaw cycles on the tibetan plateau. Geophysical Research Letters, 44(2): 901-909.

De Lisle D, Iris S, Arsenault E, et al. 2018. RADARSAT Constellation Mission status update. in：EUSAR 2018. 12th European Conference on Synthetic Aperture Radar. VDE.

Dubois P C, Van Zyl J, Engman T. 1995. Measuring soil moisture with imaging radars. IEEE Transactions on Geoscience and Remote Sensing, 33(4): 915-926.

Ferretti A, Prati C, Rocca F. 2000. Nonlinear subsidence rate estimation using permanent scatterers in differential SAR interferometry. IEEE Transactions on Geoscience and Remote Sensing, 38(5): 2202-2212.

Feyisa G L, Meilby H, Fensholt R, et al. 2014. Automated water extraction Index: a new technique for surface water mapping using Landsat imagery. Remote Sensing of Environment, 140: 23-35.

Jia Y, Kim J W, Shum C K, et al. 2017. Characterization of active layer thickening rate over the northern Qinghai-Tibetan Plateau permafrost region using ALOS interferometric synthetic aperture radar data, 2007—2009. Remote Sensing, 9(1): 84.

Kankaku Y, Suzuki S, Osawa Y. 2013. ALOS-2 mission and development status. In Geoscience and Remote Sensing Symposium(IGARSS), 2013 IEEE International(pp. 2396-2399). IEEE.

Koppe W, Bach K, Lumsdon P. 2014. Benefits of TerraSAR-X - PAZ constellation for maritime surveillance. In: Eusar. European Conference on Synthetic Aperture Radar. VDE.

Krieger G, Moreira A, Fiedler H, et al. 2007. TanDEM-X: A satellite formation for high-resolution SAR interferometry. IEEE Transactions on Geoscience and Remote Sensing, 45(11): 3317-3341.

Lazecky M, Hlavacova I, Bakon M, et al. 2017. Bridge displacements monitoring using space-borne X-band SAR interferometry. IEEE Journal of Selected Topics in Applied Earth Observations and Remote Sensing, 10(1): 205-210.

Li Z, Tang P, Zhou J, et al. 2015. Permafrost environment monitoring on the Qinghai-Tibet Plateau using time series ASAR images. International Journal of Digital Earth, 8(10): 840-860.

Li Z, Zhao R, Hu J, et al. 2015. Insar analysis of surface deformation over permafrost to estimate active layer thickness based on one-dimensional heat transfer model of soils. Scientific Reports, 5: 15542.

Liu L, Schaefer K, Zhang T, et al. 2012. Estimating 1992-2000 average active layer thickness on the Alaskan North Slope from remotely sensed surface subsidence. Journal of Geophysical Research: Earth Surface, 117(F1): F01005.

Liu L, Zhang T, Wahr J. 2010. InSAR measurements of surface deformation over permafrost on the north Slope of Alaska. Journal of Geophysical Research: Earth Surface, 115(F3): F03023.

McFeeters S K. 1996. The use of the Normalized Difference Water Index(NDWI)in the delineation of open water features. International journal of remote sensing, 17(7): 1425-1432.

Mittermayer J, Wollstadt S, Prats-Iraola P, et al. 2014. The TerraSAR-X staring spotlight mode concept. IEEE Transactions on Geoscience and Remote Sensing, 52(6): 3695-3706.

Morena L C, James K V, Beck J. 2004. An introduction to the RADARSAT-2 mission. Canadian Journal of Remote Sensing, 30(3): 221-234.

Neckel N, Braun A, Kropácek J, et al. 2013. Recent mass balance of Purogangri ice cap, central Tibetan Plateau, by means of differential X-band SAR interferometry. The Cryosphere Discussions, 7(2): 1119-1139.

Nelson F E, Anisimov O A, Shiklomanov N I. 2002. Climate change and hazard zonation in the circum-Arctic permafrost regions. Natural Hazards, 26(3): 203-225.

Ningthoujam R, Balzter H, Tansey K, et al. 2016. Airborne S-band SAR for forest biophysical retrieval in temperate mixed forests of the uk. Remote Sensing, 8(7): 609.

Njoku E G, Jackson T J, Lakshmi V, et al. 2003. Soil moisture retrieval from AMSR-E. IEEE Transactions on Geoscience and Remote Sensing, 41(2): 215-229.

Oh Y. 2004. Quantitative retrieval of soil moisture content and surface roughness from multipolarized radar observations of bare soil surfaces. IEEE Transactions on Geoscience and Remote Sensing, 42(3): 596-601.

Rahman M M, Moran M S, Thoma, D P, et al. 2007. A derivation of roughness correlation length for parameterizing radar backscatter models. International Journal of Remote Sensing, 28(18): 3995-4012.

Séguin G, Ahmed S. 2009. RADARSAT constellation, project objectives and status. In 2009 IEEE International Geoscience and Remote Sensing Symposium. IEEE.

Sheng Y, Shah C A, Smith L C. 2008. Automated image registration for hydrologic change detection in the Lake-Rich Arctic. IEEE Geoscience & Remote Sensing Letters, 5(3): 414-418.

Silverio W, Jaquet J. 2005. Glacial cover mapping(1987-1996)of the Cordillera Blanca(Peru)using satellite imagery. Remote Sensing of Environment, 95(3): 342-350.

Tapley B D, Bettadpur S, Watkins M, et al. 2004. The gravity recovery and climate experiment: mission overview and early results. Geophysical Research Letters, 31(9): L09067.

Van der Velde R, Su Z, van Oevelen P, et al. 2012. Soil moisture mapping over the central part of the Tibetan Plateau using a series of ASAR WS images. Remote Sensing of Environment, 120: 175-187.

Van der Velde R, Su Z. 2009. Dynamics in land-surface conditions on the Tibetan Plateau observed by Advanced Synthetic Aperture Radar(ASAR). Hydrological Sciences Journal, 54(6): 1079-1093.

Wang C, Zhang H, Zhang B, et al. 2015. New mode TerraSAR-X interferometry for railway monitoring in the permafrost region of the Tibet Plateau. In Pro. of IGARSS'2015, Singapore, 1634-1637.

Wang Z, Li S. 1999. Detection of winter frost heaving of the active layer of Arctic permafrost using SAR differential interferograms. In Pro. of IGARSS'99, 1946-1948.

Wu Q, Zhang T. 2010. Changes in active layer thickness over the Qinghai-Tibetan Plateau from 1995 to 2007. Journal of Geophysical Research: Atmospheres, 115(D9).

Xu H. 2006. Modification of normalized difference water index(NDWI)to enhance open water features in remotely sensed imagery. International Journal of Remote Sensing, 27(14): 3025-3033.

Xu Z, Gong T, Li J. 2008. Decadal trend of climate in the Tibetan Plateau-regional temperature and precipitation. Hydrological Processes, 22(16): 3056-3065.

Yang M, Wang S, Yao T, et al. 2004. Desertification and its relationship with permafrost degradation in Qinghai-Xizang(Tibet)plateau. Cold Regions Science and Technology, 39(1): 47-53.

Yao F, Wang C, Dong ,D, et al. 2015. High-resolution mapping of urban surface water using ZY-3 multi-spectral imagery. Remote Sensing, 7(9): 12336-12355.

Yuan Y. 2011. Measuring surface deformation caused by permafrost thawing using radar interferometry, case study: zackenberg, NE Greenland. Delft: Delft University of Technology.

Zebker H A, Villasenor J. 1992. Decorrelation in interferometric radar echoes. IEEE Transactions on Geoscience and Remote Sensing, 30(5): 950-959.

Zhang G Q, Yao T D, Xie H J, et al. 2014. Estimating surfacetemperature changes of lakes in the Tibetan

Plateau using MODIS LST data. Journal of Geophysical Research: At -mospheres, 119(14): 8552- 8567.

Zhao R, Li Z W, Feng G C, et al. 2016. Monitoring surface deformation over permafrost with an improved SBAS-InSAR algorithm: with emphasis on climatic factors modelling. Remote Sensing of Environment, 184: 276-287.

Zwally H J, Schutz B, Abdalati W, et al. 2002. ICESat's laser measurements of polar ice, atmosphere, ocean, and land. Journal of Geodynamics, 34(3-4): 405-445.

第2章 青藏高原冻土概况和观测数据

冻土环境是寒区生态环境的重要组成部分，人类活动和气候变化会对冻土环境产生重要影响，如冻土工程的修建对青藏高原冻土环境稳定产生重大影响。冻土环境问题包括冻土周围的自然环境和冻土自身两个大层次。冻土周围的自然环境主要是影响冻土发育的能量来源因素，是导致冻土发育差异性的局部因素；冻土自身包括温度环境、活动层季节范围、水分变化等（张鲁新等，2015）。本书主要基于高分辨 SAR 对青藏高原多年冻土环境及冻土工程进行研究，这里的冻土环境是指冻土自身这个层次。对于多年冻土本身而言，有两个参数是非常重要的：土壤水分和冻土活动层厚度。土壤水分在陆地-大气之间的水分和能量交换过程中扮演着非常重要的角色。在冻土冻胀融化过程中，水通过不同的形态来完成能量的传递和交换（陆子建等，2006；李元寿等，2008）。活动层是指地壳表层每年寒季冻结、暖季融化的岩土层，处于多年冻土之上并且有负的年平均地温，称为季节融化层；处于在非多年冻土之上，并具有正的年平均地温，称为季节冻结层。冻土变化主要受环境气候条件的控制，同时对环境气候条件的变化进程产生反馈，这种反馈主要表现为冻土层地温升高、活动层厚度增大、地下冰融化、多年冻土厚度变薄以及与大气之间的水热交换发生变化（张鲁新等，2015）。第 1 章绪论已经分析了全球气候变暖引起的青藏高原多年冻土退化，以及冻土退化导致的一系列环境、地质灾害和青藏铁路工程安全的问题。为了能够详细研究实验区冻土环境问题，本章将详细介绍多年冻土特性、研究区的基本概况以及研究区野外试验。

2.1 青藏高原多年冻土特性

2.1.1 多年冻土活动层的冻结和融化过程

根据多年冻土冻结融化过程中活动层水热状况的不同特征，活动层的年际变化可以分为四个阶段（图 2.1）：夏季融化（summer thawing，ST）、秋季冻结（autumn freezing，AF）、冬季降温（winter cooling，WC）和春季升温（spring warming，SW）（赵林和程国栋，2000）。

1. 夏季融化（ST）过程

活动层的夏季融化过程是指活动层由地表向下融化开始（4 月底）至融化到最大深度结束（9 月中）的整个过程。此时活动层温度从地面开始向下随深度增加而逐渐降低，活动层处于吸热过程中，热量传输由上向下，融化锋面逐渐向下迁移。水分输运以由上向下为主（赵林和程国栋，2000）。

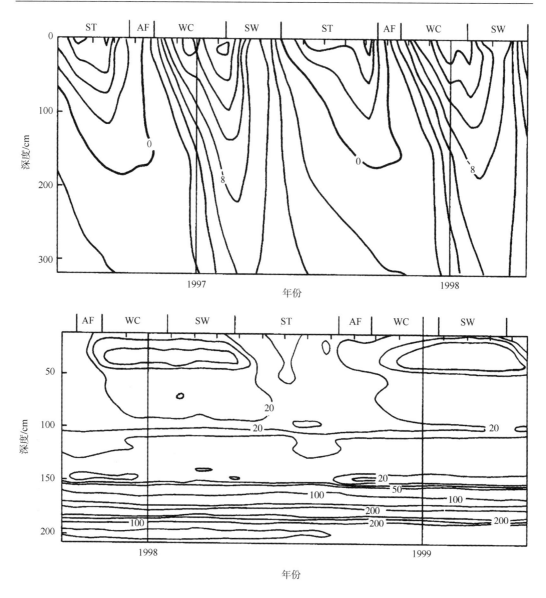

图 2.1 青藏高原五道梁观测场地温等值线图和活动层含水量等值线图（赵林和程国栋，2000）

2. 秋季冻结（AF）过程

活动层融化到最大深度后开始由底部向上冻结，从此开始了秋季的冻结过程，一直到活动层全部冻结结束为止（图 2.1）。活动层的秋季冻结过程可以划分为两个阶段，即由下向上的单向冻结阶段和"零幕层"阶段。单向冻结阶段从底部向上冻结开始，到地表开始形成稳定冻结为止；而"零幕层"阶段从地表形成稳定冻结开始，到冻结过程全部结束为止（赵林和程国栋，2000）。

3. 冬季降温（WC）过程

在活动层的冻结过程全部结束后，开始了温度快速降低的活动层降温过程，一直持续到次年的元月中下旬（图 2.1）。这一阶段活动层中的温度上部低、下部高，梯度逐渐增大，传导性热传输为这一阶段热量传输的主要方式，同时伴有少量由温度梯度驱动的未冻水迁移引起的耦合热传输。除地表附近少量的土壤水分蒸发外，活动层中的未冻水趋向于向上迁移（图 2.1），但地温极低限制了未冻水的含量和活力，使得其迁移量较少（赵林和程国栋，2000）。

4. 春季升温（SW）过程

1 月下旬开始，随着气温的升高，开始了活动层的升温过程，活动层中的温度梯度逐渐减小，地表附近的水分蒸发量增大，而活动层内部的水分迁移量也逐步减少，此时热量传输仍以传导性热传输为主。3 月下旬开始，地表附近开始出现日冻融过程，白天土壤表层融化，水分蒸发，夜间冻结时水分向冻结锋面迁移，周而复始，土壤表层的水分明显减少。当然，某些地方有地表雪覆盖，阻止了地表附近的日冻融过程的发生，同时由于融雪水分的补给，土壤表层的含水量明显增大（赵林和程国栋，2000）。

四个阶段的开始和结束时间在不同地区和不同地表环境中存在显著性差异。通常在同一区域，草甸区的融化期开始时间比荒漠区晚，且融化期要短半个月左右（陆子建等，2006）。在多年冻土区，夏季融化比较缓慢，需要 4 个月左右的时间，通常集中在 4 月底至 10 月中旬；而秋季冻土冻结则比较迅速，秋季冻结是一个从上往下和从下往上的双向过程，通常只需要半个月冻土活动层就会完成冻结过程（赵林和程国栋，2000）。活动层厚度中的水分子在夏季融化和秋季冻结过程中迁移大，水热耦合复杂；而在冬季降温和春季降温过程中水分子迁移量小，热量主要以传导方式传输。冻土活动层厚度的季节变化主要依赖于气候，同时与海拔、纬度、活动层岩性、含水特征、地中热流以及影响地面温度变化进程的地形特征和下垫面性质有关。活动层厚度的变化是地气交换的主要过程，也是影响寒区生态环境最活跃的因素（程国栋和金会军，2013；赵林和程国栋，2000）。

2.1.2　多年冻土特性指标

描述多年冻土特征的指标主要有多年冻土分布边界、多年冻土面积、活动层厚度与多年冻土上限、多年冻土下限与多年冻土厚度、年冻土温度、活动层水分状况、地下冰等。

多年冻土温度是指不同深度多年冻土层的温度，是衡量多年冻土热状况的重要指标。地温是多年冻土动态特征的重要标志，一定的地温曲线不仅反映该处冻土的历史，还反映其现状。确定冻土地温的方法主要有直接法和间接法。前者是通过钻探、埋设探温传感器或温度计进行长期观测确定；而间接确定地温法主要有理论计算法和相关分析法。

多年冻土是基于地温特征（小于 0 ℃）定义的，活动层厚度（active layer thickness，

ALT）指地表下 0 ℃等温线所能够达到的最大深度，活动层的下边界就是衔接多年冻土的上限（permafrost table，垂直剖面上多年冻土的顶板）。在目前的大多数多年冻土文献中，是把多年冻土区夏季 0 ℃等温线能够达到的最大深度作为当年活动层厚度（赵林和程国栋，2015）。

多年冻土下限（permafrost base）是指垂直剖面上地温为 0 ℃的界面，一般情况下，其上为多年冻土，其下为未冻土（图 2.2）。多年冻土下限是多年冻土分布的最深深度，也被称为多年冻土底板（赵林和盛煜，2015）。多年冻土厚度是指多年冻土的上限与下限之间的岩/土层厚度。多年冻土温度是指不同深度多年冻土层的温度，是衡量多年冻土热状况的指标。在气候平衡或接近平衡的条件下，多年冻土温度随深度升高（图 2.2）。

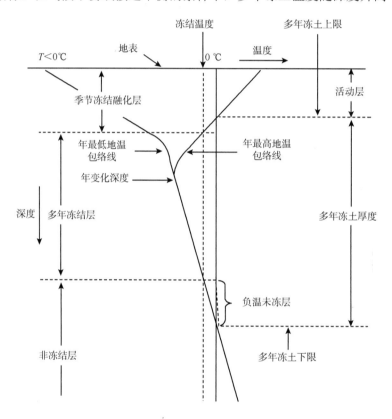

图 2.2　多年冻土地温曲线示意图（赵林等，2015）

2.1.3　多年冻土活动层冻融与形变

冻土是土粒、冰、未冻水和空气所组成的四相体系，当冻土的温度升高时，孔隙冰融化后就变成三相体系。冻土中的土颗粒一般是由矿物颗粒和细小的有机物组成，在温度发生改变时，其存在状态一般比较稳定；而冰、未冻水和气体之间将受温度影响而发生相的转变，进而影响冻土的物理性质（马巍和王大雁，2014）。土的冻结实际上是指土中的液态水相成冰的过程，在这一过程中，外应力和内应力的共同作用，使得冰内矿物颗粒在空间上的排列和组合形态各不相同，并且体积随着水不断变成冰而发生膨胀。冻土的融化固结是一个复杂的物理、力学过程。冻土内部存在着多种形式的冰，在土温升高时，土体内的冻土逐步融化，土体内形成较大孔隙，在外载荷和自身重力作用下同时发生土体骨架快速压缩和排水固结（马巍和王大雁，2014）。

　　多年冻土活动层的冻结和融化过程的示意图如图 2.3 所示。在多年冻土区，冻土活动层的融解过程相对缓慢，从顶端向下融解，过程持续 4～5 个月。其冻结过程则比较迅速，从活动层的两端向中间冻结，大概半个月左右活动层就会完全冻结，然后进入稳定状态，当然融解和冻结的过程时间还与局部环境和地形条件相关。可以看到，冻土中土壤水分周期性冻结和融化会引起水分子体积变化，导致冻土地表周期性抬升和下沉（图 2.3），并且这种周期性形变量大小与活动层厚度有直接关系。影响冻土冻胀和融化的主要因素有含水量、干密度、土的粒度组成、土的矿物组成和土体温度等（马巍和王大雁，2014）。冻土的冻胀和融沉是寒区工程面临的两大主要工程病害，常导致公路翻浆冒泥，铁路路基形变开裂，不仅使得冻土工程使用年限缩短，运行条件变坏，而且增加了巨大的运行和维护成本。

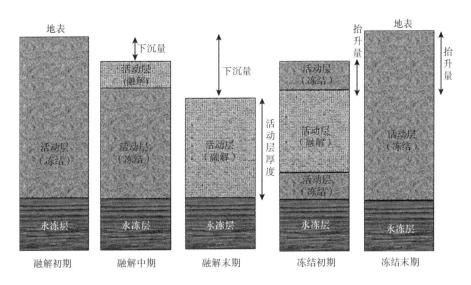

图 2.3　冻土融解期形变与活动层厚度关系示意图

2.2　北麓河地区自然环境概况

2.2.1　北麓河地理环境

　　该研究区位于青海省西部，青藏高原北麓河多年冻土区处于五道梁至北麓河南，如图 2.4 所示。北麓河区域内广泛发育着大面积连续多年冻土，具有低温、高厚度的特点，处于气候变化响应的敏感地带，对气温的变化异常敏感。由于该研究区活动层富含冰，受气候变化和剧烈冻土冻融作用，北麓河研究区草甸区域发育着许多热融湖。研究区地表高程为 4 400~4 900 m，属于冲积和风积高平原地貌。地势较为平坦，地形稍有起伏，冲沟发育，低丘与洼地相间，局部有沙丘和沙地，地表植被发育较好。地层岩性主要为古近系—新近系泥岩、泥灰岩及第四系全新统黏土、粉砂（罗京等，2012）。

　　青藏铁路、青藏公路、格拉输油管道、兰西拉光缆和青藏输电线路 5 条重大冻土工程并行通过该区段（张明礼等，2015）。图 2.4 展示了北麓河实验区的 Google 光学影像图，TerraSAR-X 图像的覆盖范围如图中黑色方框所示，面积约为 3×7.5 km^2。图 2.4 中的 P 点是北麓河气象站的位置（34.854°N，92.940°E），北麓河地区主要地物类型包括：高原草甸、高原荒漠、坡积物以及热融湖等，以及青藏铁路、青藏公路、输电杆塔、铁路试验路基、人工设施等。

图 2.4　北麓河研究区域示意图

图中黑色框为 TerraSAR-X 图像在 Google 图像上的覆盖范围；P 点是北麓河气象站位置

2.2.2　北麓河气候特点

　　青藏高原北麓河地区属于亚热带干旱气候，年平均温度-3.8 ℃，最高温度为 10 ℃左右，最低温度-27.9 ℃。在一年中 6~9 月的气温均值为正值，10 月至次年 5 月气温均值为负值，因此该研究区的寒季远长于暖季。该区域年平均降水量为 290.9 mm（陆子建等，2006），全年的降水量大部分集中在暖季的 6~9 月，占全年降水量的 80%以上。研究区年蒸发量在 1 000~1 500 mm，平均相对湿度为 57%，降水量与蒸发量比值约为

1:5，最大蒸发量集中在 6～9 月。最大风速为 40 m/s，年平均风速为 4.1 m/s。最大积雪厚度为 14 cm，年平均雷暴日数为 36.7 天（张明礼等，2015）。研究区冬季空气干燥，且风速较大，该研究区中不存在较长时间的积雪覆盖，降雪对研究区的影响较小。

本研究收集了 2014～2015 年的北麓河气象站的记录资料信息，包括气温、降水量和地表土壤湿度，如图 2.5 所示。可以看到，气温、降水量和土壤湿度表现出明显的季节性变化，降水主要发生在 5～10 月，气温在 0 ℃上的月份也主要在 5～10 月。

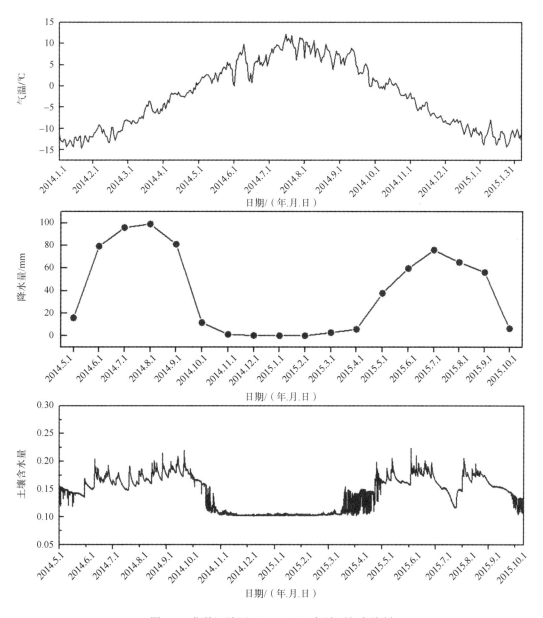

图 2.5 北麓河地区 2014～2015 年地面气象资料

2.2.3　北麓河冻土特性

北麓河地区的冻土类型以富冰和多冰冻土为主，局部有含土冰层存在，多年冻土厚度为 50～80 m，天然地面多年冻土上限为 1.8～2.2 m（罗京等，2012）。根据北麓河气象站记录的气温数据，大致可以将北麓河地区的冻土冻融周期过程分为冻胀季节和融化季节，冻胀季节从第一年 10 月中旬到第二年 5 月；融化季节平均气温高于 0 ℃，从第 5 月到 10 月中旬。该区域属于富含冰冻土的区域，冻土冻融作用强烈，有研究表明该区域冻土的冻融作用导致的冻土季节性形变达到了 10 cm 以上（Wu and Zhang，2010）。活动层以亚砂土和粉质黏土为主，天然地表下 1.0 m 为砂黏土，1.0～2.5 m 为亚黏土，活动层下存在 1～4 m 厚的含土冰层，含土冰层的体积含冰量达到 50%～80%（张明礼等，2015）。

冻土在冻结过程中水分子由液态变为固态，体积发生膨胀，致使地表发生抬升。活动层的冰融化后，水分子体积缩小，引发地表沉降。这种周而复始的抬升和沉降会形成独特的冰缘地貌，如冻胀丘、冻融湖、冻融草丘、冰锥、热融塌陷、石环、斑土等（赵林和盛煜，2015）。图 2.6 是研究团队于 2015 年冬季在实验区进行野外实验考察时拍摄的冻融草丘、冻胀丘、冰锥和热融塌陷野外照片。

（a）冻融草丘　　　　　　　　　　　　（b）冻胀丘

（c）冰锥　　　　　　　　　　　　（d）热融塌陷

图 2.6　北麓河典型冰缘地貌野外照片

2.2.4　北麓河冻土工程

研究区内冻土工程主要包括青藏铁路工程、青藏公路工程、青藏输电线路工程、格拉输油管道工程和兰西拉光缆工程，下面分别对其进行简要介绍。

1. 青藏铁路工程

青藏铁路（Qinghai-Xizang Railway）是一条连接青海省西宁市和西藏自治区拉萨市的国铁 I 级铁路，是通往西藏腹地的第一条铁路，也是世界上海拔最高、线路最长的高原铁路，是中国新世纪四大工程之一。"高寒缺氧""多年冻土""生态脆弱"问题是青藏铁路工程建设的三大技术难题，其中多年冻土为青藏铁路建设和运营的三大难题之首（李永强，2008）。

青藏铁路分两期建成：一期工程，东起西宁市，西至格尔木市，1958 年开工建设，1984 年 5 月建成通车；二期工程，东起格尔木市，西至拉萨市，2001 年 6 月 29 日开工建设，2006 年 7 月 1 日全线通车。青藏铁路 1 142 km 线路长度内，多年冻土区范围为 K951+452～K1497+845，通过线路长度 546.4 km，其中桥梁占 120 km，隧道占 3 km，路基占 423.4 km。在冻土区 423 km 的路基中，根据多年冻土含冰量分类，高含冰量路基为 155 km，低含冰量路基为 183 km，融区路基为 85 km。

青藏铁路冻土工程的核心问题是路基的冻胀和融沉变形，长期研究和实践经验表明，地下冰是影响冻土路基稳定的重要因素之一，是产生冻融灾害或者不良冻土现象的根源。研究人员提出了不同的冷却措施保护下伏冻土，主要包括主动冷却措施和被动冷却措施。主动冷却措施以采取积极改造冻土热状况的工程措施为主，使其提高冻土的热惯性和降低冻土的热敏感性。被动冷却措施以保持地温的初始状况或减缓冻土退化为主。目前青藏铁路沿线工程措施主要包括块石基地路基、块石护坡路基、"U"形块石路基、热棒路基、通风管路基、遮阳板路基和遮阳棚路基，如图 2.7（牛富俊等，2011；吴青柏和朱富俊，2013）所示。北麓河地区的青藏铁路野外照片如图 2.8 所示。

青藏高原冻土工程在系统分析研究国内外多年冻土区工程现状和青藏铁路冻土工程环境的基础上，引入多年冻土年平均地温作为冻土热稳定性评价指标，以科学的方法和手段深入认识冻土，全面查清了线路通过地区多年冻土的热稳定性、含冰量和不良冻土现象的分布和变化规律，为攻克冻土难题提供了可靠的基础工作保证。

2. 青藏公路工程

青藏公路工程已建成通车 60 年，穿越 750 km 多年冻土地带，其中连续、大片分布的多年冻土区占 70.4%，岛状多年冻土区占 12.7%，残余多年冻土零星分布、融区和将给工程造成较大冻融变形破坏的深季节冻土区（重冰冻区）占 16.9%（吴青柏等，2002）。青藏公路冻土工程技术的研究目的在于认识高原多年冻土，探索高原多年冻土的分布规律，研究多年冻土区的高含冰量冻土与地下冰分布规律及其地表识别标志，研究多年冻

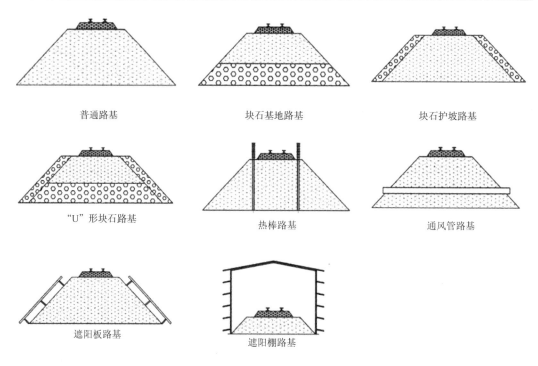

普通路基　　　　　　　块石基地路基　　　　　　块石护坡路基

"U" 形块石路基　　　　　　热棒路基　　　　　　　通风管路基

遮阳板路基

遮阳棚路基

图 2.7　青藏铁路主要冻土路基结构示意图（牛富俊等，2011）

图 2.8　青藏铁路北麓河段照片

土区公路工程地质条件、冻土温度场分布特征、冻土区划与冻土温度的关系，从而为公路冻土综合分类标准及多年冻土在气温转暖情况下的退化预警预报、路基路面及桥涵设计与施工和青藏公路运营期间道路病害的整治提供基础数据和技术支持（汪双杰等，2015）。

40 多年来，公路的改造、改建与等级的不断提高和对冻土的逐步认识，推动了青藏公路多年冻土地区工程地质研究的持续与深入，使青藏公路地区的工程地质研究比其他相邻地区更深入、内容更广泛，使青藏公路成为钻探、坑探、物探等的综合勘探密度最大及研究成果最突出的一条线路。

青藏公路北麓河段照片如图 2.9 所示。

图 2.9　青藏公路北麓河段照片

3. 青藏输电线路工程

　　青藏输电线路北起青海省格尔木市附近的格尔木换流站，南至西藏自治区拉萨市附近的拉萨换流站，采用直流为 500 kV 的标准，输电距离约 1100 余千米，其中约 620 km线路跨越青藏高原的多年冻土地段，其中大片连续多年冻土区占 83.6%，岛状多年冻土区占 16.4%，南北两段均为季节冻土区。该工程是世界上首次在海拔 4 000 m 以上地区建设高压直流线路，以及首次在海拔 3 000 m 以上地区建设直流换流站的工程。青藏高原输电线路工程面临高海拔、高寒缺氧、日温差大、紫外线辐射强以及多年冻土等问题，尤其是在沿线多年冻土环境下施工，施工技术要求高，项目管理难度大，如何在高原冻土地区解决好输电线路冻土施工的项目管理问题是目前西部输电线路工程建设中面临的难题之一（张晓阳，2011），另外，沿线冻土的类型、分布规律、物理力学特性等对线路路径优化、塔基的稳定性，以及不良冻土现象引起的地质灾害等问题更值得关注（钱进等，2009）。青藏高原冻土输电线路工程是西部电力系统建设的重要组成部分，西部电力系统的建设对国家和社会都具有重大意义。

　　目前冻土区输电线路的主要工程问题有：①冻胀融沉问题，主要反映冻土的冻胀和融沉两个方面对工程产生影响。②冻拔问题，输电线路大量采用桩式基础，如果输电线路沿线的土壤水分充足，那么在季节交替中就容易产生冻胀力，如果塔基设计深度、措施不合理或是强度不够，尤其是冻融循环过程中产生的冻拔作用会对塔基的稳定性造成严重影响。③不良冻土现象问题，高海拔、气候寒冷以及高原冻土地下冰发育、冻融循环作用等导致冻胀丘、冰锥、热融湖塘、热融滑塌等不良冻土现象广泛分布于输电线路沿线。但是随着气候不断转暖，不良冻土现象的发生也有所变化。④气候变暖及冻土退化产生的影响，环境气候等自然变化过程会导致冻土、地下冰不断融化，以及塔基冻土基础弱化，在工程设计中应通过提高工程安全系数或增加主动冷却工程措施确保工程稳定。⑤输电线路工程特有的问题，由于输电线路本身的点线结构，以及 500 kV 高大塔架等工程特点，会遇到一些多年冻土区的塔基建设中独特的工程问题（赵元齐，2015）。

青藏输变电线北麓河段照片如图 2.10 所示。

图 2.10　青藏输电线路北麓河段照片

4. 格拉输油管道工程

格拉输油管道是我国最长、世界上海拔最高的成品油输送管道。格拉输油管道于 1977 年建成，全长为 1 076 km，管径为 159 mm，管壁厚 6 mm。格拉管道修建和维护十分困难，全线穿越河流 108 条，穿越公路 123 处，有 900 km 以上的管道在海拔 4 000 m 以上（最高处为 5 200 m），有 560 km 的管道位于多年冻土区，冻结期长达 7～8 个月。格拉输油管道自 1977 年投运以来，由于冻胀和融沉问题已出现多次"露管"（金会军等，2005）。冻土区虽然蕴藏着巨大的油气藏，但多年冻土的温度状态和含冰量对其岩土工程性质影响很大，从而影响输油管道工程的设计与施工，因为冻土融化后其承载力下降很多。

过去的 30 年，格拉输油管道冻土及其季节冻结融化过程和深度已经发生了显著变化。其经过近 30 年的运行，地表和管道随岩土融化沉降和冻胀翘起，管道目前所在的垂直和水平位置已有很大变化（金会军等，2005）。在过去 40 年里，青藏高原和格拉线气候变暖和冻土退化趋势明显，而且这种趋势将在相当长的时期内存在。

格拉输油管道工程北麓河段照片如图 2.11 所示。

5. 兰西拉光缆工程

1998 年 8 月 7 日，国家"九五"重点工程"兰州-西宁-拉萨光缆干线"全线开通，它被称为"世界通信史上施工条件最艰苦的工程"，是纵贯我国西北至西南的一条通信大动脉，也是全国最后一个沟通省会级城市拉萨的进藏光缆干线（王家澄等，1997；高鹏，2010）。它全长 2 754 km，跨越甘肃、青海、西藏三省（自治区），途经县级以上城

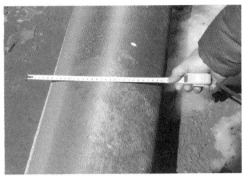

图 2.11　格拉输油管道工程北麓河段照片

市 23 个，设置各种局站 33 个，投产初期可提供长途话路 2.1 万多路。作为国家"八横八纵"通信网建设的重要组成部分，干线工程的建成开通对于改善我国西部，特别是西藏自治区的通信落后状况、促进社会和经济发展、增进民族团结等具有重要意义。兰西拉光缆干线在青海境内要穿越荒无人烟的柴达木盆地、昆仑山和唐古拉山等地形复杂、气候恶劣地区，整个线路的 90% 以上在高海拔地区，其中 840 km 地段平均海拔达 4 500 m 以上，这里昼夜温差大，空气稀薄，氧气含量只有内地的 50%，部分路由冰雪覆盖，穿越常年冻土地带共 467 km。

2.3　卫星遥感数据介绍

2.3.1　高分辨率星载 SAR 系统

目前在轨运行的高分辨率 SAR 卫星系统包括 TerraSAR-X、COSMO-SkyMed、Radarsat-2、ALOS-PALSAR2、高分三号等。本书主要使用的数据源包括 TerraSAR-X、高分三号以及 Sentinel-1A。

1. TerraSAR-X

为了能够精细化研究青藏高原多年冻土环境的变化规律及冻土工程的形变信息，本书将在 TerraSAR-X ST 模式下获取的 22 景超高分辨率实验数据作为 SAR 数据源，其中轨道模式为降轨，极化方式为 HH。SAR 图像的方位向和距离向采样间隔分别为 0.167 m 和 0.454 m。SAR 图像成像时间为 2014 年 6 月至 2016 年 8 月，详细的数据参数见表 2.1。其中 SAR 图像有两种入射角，分别为 25.49° 和 42.29°。收集的 SAR 数据包含冻土完整的冻融周期，可以对冻土整个冻融周期内的散射特性变化、土壤水分及冻土冻胀融沉形变进行全面研究。

表 2.1　北麓河研究区 TerraSAR-X 图像成像参数

编号	成像时间/（日/月/年）	入射角/（°）	成像模式
1	20/06/2014	25.429	ST
2	01/07/2014	25.429	ST
3	08/10/2014	25.429	ST
4	02/12/2014	25.429	ST
5	13/12/2014	25.429	ST
6	09/01/2015	42.299	ST
7	17/02/2015	25.429	ST
8	11/03/2015	25.429	ST
9	27/05/2015	25.429	ST
10	12/08/2015	25.429	ST
11	23/08/2015	25.429	ST
12	06/10/2015	25.429	ST
13	01/11/2015	25.429	ST
14	11/12/2015	25.429	ST
15	07/01/2016	42.299	ST
16	24/01/2016	25.429	ST
17	08/03/2016	25.429	ST
18	13/03/2016	42.299	ST
19	02/05/2016	25.429	ST
20	29/07/2016	25.429	ST
21	03/08/2016	42.299	ST
22	09/08/2016	25.429	ST

　　图 2.12 是北麓河研究区 TerraSAR-X 图像幅度图，青藏铁路、青藏公路和冻融湖在 SAR 图像中可以被清晰地辨别（张正加，2007）。2.2.1 节介绍了研究区主要地物类型，可以看到不同地物类型的散射特性在冬季和夏季具有不同的特点。下面对研究区主要地物类型进行介绍。

　　（1）青藏铁路和青藏公路：南北走向，横穿整个北麓河实验区。约有 4 km 的青藏铁路和 3.5 km 的青藏公路位于 SAR 图像的覆盖范围内。受到冻土季节性冻胀和融沉作用的影响，该区域工程措施的稳定性受到严重影响。有研究表明，该区域的季节性形变最大达到了 10 cm 以上（Wu et al.，2011；Wang et al.，2017）。因此在北麓河路段，为了保持铁路路基的稳定，降低冻土冻胀和融化对路基的破坏，铁路路基中埋设有不同的冷却路基的设施（通风管、散热棒、挡风墙等）。青藏公路特殊路段也埋设有路基冷却设施。青藏铁路属于强散射体，其散射特性能够保持长时间不变，在冬季和夏季都具有较高的后向散射值，青藏铁路的后向散射值为 5 dB 左右。

图 2.12　北麓河研究区 TerraSAR-X 图像幅度图

　　（2）输电铁塔：青藏输变线工程横穿整个研究区。研究区内分布着约 8 个输电铁塔，每个输电铁塔高度约为 25 m，两个铁塔之间相距约 450 m。由于输电铁塔表现为强散射体，其"T"形结构在 TerraSAR-X ST 模式图像中可以被清晰地分辨，如图 2.13 所示。

　　（3）试验路基：研究区内有一条试验路基，由中国科学院原寒区旱区环境与工程研究所于 2009 年修建。试验路基位于草甸区，路基长约 600 m，埋设了各种不同的路基保护措施，用于研究不同路基冷却措施的冷却保护效果。试验路基在 SAR 图像中清晰可见，路基护坡两侧坡设置的不同的冷却措施在 SAR 图像中的亮度也有所差异。

　　（4）坡积物：主要分布在实验区西北角，多为碎石所覆盖，土壤含水能力较差，地表常年处于干燥状态。研究区坡脚处基本没有植被覆盖，植被覆盖度极低。

　　（5）高原荒漠：占实验区 60%面积以上，这些区域受到干旱气候和冻土退化的影响，导致土壤中有机质流失，地表植被稀疏。高原荒漠地表常有荒漠群落植物类型，它们的个体数量很少，生长非常稀疏、低矮，群落覆盖度小，一般不足 10%（赵林和盛煜，2015）。受冻土冻融作用的影响，荒漠区域的土壤比较松软，孔隙度较大。

　　（6）高原草甸：主要分布在研究区西南部地势较平缓的区域，群落类型较多，以各类嵩草属植物为主，植株矮小，无明显层次分化，群落生长密集，覆盖度一般在 80%以上（赵林和盛煜，2015）。高原草甸下面通常有多年冻土分布，且多年冻土上限较小。多年冻土起着隔水层的作用，有利于地表水分条件的保持。SAR 图像草甸区域分布着规则的纹理，这些纹理是在冻土长期冻胀作用下累积形成的。

　　（7）热融湖：高原草甸区域零星分布着热融湖，主要是在冻土的冻融作用下形成的。图 2.13 中的热融湖是研究区内最大的热融湖，其南北向和东西向的宽度都超过 150 m。有研究表明，受到全球气温升高的影响，北麓河研究区热融湖的面积每年还在以一定的速率增大（罗京等，2012）。热融湖面积的扩张主要是由湖水的热侵蚀作用导致的湖岸坍塌而引起的，且湖岸的坍塌方向与当地的夏季风向具有很好的一致性，研究区的热融湖主要沿东—西方向扩张（罗京等，2015）。热融湖的形成对其周围的土壤物理性质、水文特性和植被都有影响（高泽永，2014）。夏季湖面在 SAR 图像中呈暗色；冬季由于湖面结冰，湖面在 SAR 图像中表现为强散射。

野外照片　　　　　SAR图像　　　　　野外照片　　　　　SAR图像

青藏铁路　　　　　　　　　　青藏公路

输电铁塔　　　　　　　　　　试验路基

坡积物　　　　　　　　　　高原荒漠

高原草甸　　　　　　　　　　热融湖

（a）夏季

青藏铁路　　　　　　　　　　青藏公路

输电铁塔 试验路基

坡积物 高原荒漠

高原草甸 热融湖

（b）冬季

图 2.13 研究区典型地物类型野外照片和对应 SAR 图像

对比研究区冬季和夏季的地貌，可以看到研究区地表环境在不同季节变化巨大，特别是在草甸区和热融湖区域。这种变化差异在 SAR 图中也有显著反映，草甸区夏季的后向散射系数约为−11 dB，冬季的后向散射系数为−17 dB。这种散射特性的变化导致了时间去相干，为后续 InSAR 处理造成了严重影响。

2. Sentinel-1

哨兵-1（Sentinel-1）卫星是欧洲航天局哥白尼计划中的地球观测卫星，由 2 颗搭载 C 波段 SAR 传感器的极轨卫星组成。其中 Sentinel-1A 于 2014 年 4 月发射，Sentinel-1B 于 2016 年 4 月发射。目前两颗卫星均可正常工作，双星重返周期为 6 天。Sentinel-1 成像模式有 stripmap、IW（interferometric wide swath）、EW（extra wide swath）和 wave 4 种。其中，IW 模式是陆地监测的默认模式，幅宽 250 km，地面空间分辨率为 5 m×20 m，采用新型 TOPS 成像技术。TOPS 不仅具有传统 ScanSAR 技术通过周期性切换多个相邻条带之间的天线波束增加数据的幅宽，同时还通过天线在方位向上的周期性摆动减弱了传统 ScanSAR 图像的扇贝效应。IW 模式数据由 3 个子条带组成，其中每个子条带由 9 个脉冲带（burst）组成，每个子条带之间及脉冲带之间都有一定的重叠度（图 2.14）。

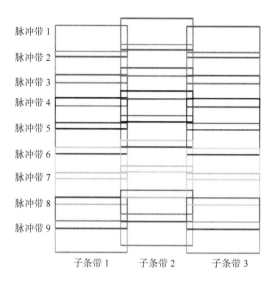

图 2.14　Sentinel-1 IW 模式数据结构示意图

　　本书共收集了北麓河研究区 15 景 Sentinel-1 数据（表 2.2），观测时间为 2015 年 4 月至 2017 年 3 月，极化方式为 VH 极化，入射角为 34.4°，距离向和方位向采样间隔分别为 2.3 m 和 13 m，幅度图如图 2.15 所示，图中方框区域为北麓河地区。

表 2.2　Sentinel-1 参数列表

编号	成像时间/（日/月/年）	垂直基线/m	时间基线/天
1	13/04/2015	0	0
2	07/05/2015	69	24
3	31/05/2015	158	48
4	15/11/2015	78	216
5	09/12/2015	161	240
6	26/01/2016	31	274
7	14/03/2016	35	336
8	07/04/2016	95	360
9	01/05/2016	39	384
10	25/05/2016	12	408
11	05/08/2016	100	480
12	29/08/2016	25	504
13	22/09/2016	50	528
14	25/02/2017	83	684
15	09/03/2017	35	696

图 2.15 Sentinel-1A 幅度图 (2015 年 4 月 13)

2.3.2 SRTM DEM 数据介绍

SRTM (Shuttle Radar Topography Mission) 数据是由 NASA 和国防部国家测绘局 (NIMA) 联合测量获取的三维地表高程数据，覆盖全球 80% 以上的范围，面积超过 1.19 亿 km^2。SRTM 数据包括 SRTM 1 和 SRTM 3 两种，空间分辨率分别为 30 m 和 90 m。本书采用的是 3 弧秒的 SRTM 3 数据，分辨率为 90 m，相对高程和绝对高程精度分别为 ±10 m 和 ±16 m，作为北麓河的数字高程模型，以用于 InSAR 处理中去除地形相位。该研究区的 SRTM DEM 如图 2.16 所示。

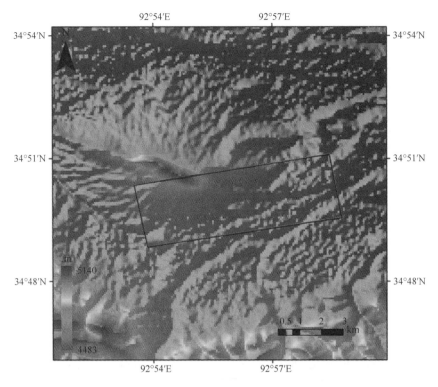

图 2.16　研究区 SRTM DEM 数据

方框区域表示 TerraSAR-X 图像覆盖范围

2.4　青藏高原冻土环境监测主要野外测量

为了验证土壤水分反演结果和时序 InSAR 形变监测结果,研究团队于2014 年7 月～2018 年8 月先后 6 次去青藏高原北麓河研究区进行野外实验,积累了大量的北麓河地区野外测量数据。前两次在研究区的青藏铁路、青藏公路沿线及试验路基上选取合适的观测点,利用 GPS 在观测点上进行静态测量实验,测量高原冻土、铁路工程季节形变;后三次实验主要对青藏高原夏季和冬季的土壤水分含量、地表粗糙度和植被生物量等参数进行测量,同时实地考察北麓河冻土区不同地貌类型的形态特征(表 2.3)。图 2.17是野外实地测量的工作照片。

表 2.3　研究区野外实验时间表

编号	野外实验时间/(年.月.日)	野外观测内容
1	2014.07.13～2014.08.03	GPS 测量,铁路剖面测量
2	2015.03.05～2015.03.15	GPS 测量
3	2015.08.10～2015.08.15	土壤水分、地表粗糙度、植被生物量测量
4	2016.03.08～2016.03.15	土壤水分测量,植被生物量测量
5	2016.07.30～2016.08.12	土壤水分、地表粗糙度、植被生物量测量
6	2018.08.01～2018.08.03	活动层厚度测量

图 2.17　北麓河研究区野外测量野外照片

2.4.1　GPS 测量

1. GPS 的不同测量模式

利用美国的全球定位系统（global positioning system，GPS）可进行基于单台接收机的定点测量，以及多台接收机同步联测的静态差分测量。常用的 GPS 手持式单台接收机定位精度在几十米量级，在野外测量中多用于实验地点的选择，以及采样点位置的记录。利用两台及多台接收机可进行差分测量，其中实时动态差分测量（real-time kinematic，RTK）精度可在平面位置上实现厘米量级，在高程方向上实现亚米量级，在野外测量中此种测量方式多用于快速放样和定位。若延长同步观测时间，基于长时间静态观测的多站差分测量模式可将观测精度再提升一个量级，多用于地表形变、大型人工建筑外部形变的观测。

2. GPS 仪器与野外观测点布设

随着国内 GPS 接收机制造技术的发展，国产 GPS 接收机以及国产解算软件也达到与国际制造商相近的水平。在野外测量中，我们选用了国产中海达 V30 仪器，以及华测 A10 仪器。两者均为双频接收机，可进行静态测量，其平面位置精度为 $\pm\left(2.5+1\times10^{-6}D\right)$ mm，高程精度为 $\pm\left(5+1\times10^{-6}D\right)$ mm。

在实验区域内，有国家 B 级 GNSS 大地控制点一个（2009 年 4 月建立）和国家一等水准点两个（"不安 30"于 2013 年 7 月建立，"格拉 76"于 1979 年 9 月建立）。这些大地测量控制网成果、大地测量高程控制网成果是进行低等级测绘与定位的起算依据，也是研究地壳形变和地质灾害监测等极为重要的基础资料（http://www.nsdi.gov.cn/article/sjcg/clkzd/）。依据 GNSS 大地控制点与一等水准点观测站的点记图，可以发现这些观测站的埋深都在永冻层之下，具体见图 2.18。因此，它们可以作为地表活动层抬升、下沉活动 GPS 监测的基础起算数据的依据。

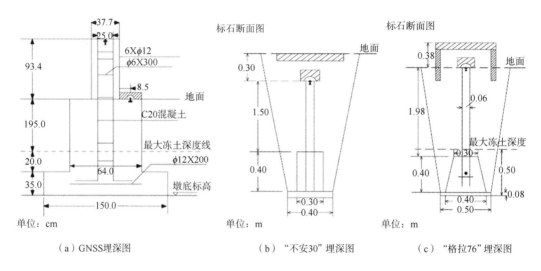

（a）GNSS埋深图　　　　　（b）"不安30"埋深图　　　　　（c）"格拉76"埋深图

图 2.18　观测区内 GNSS 大地点与一等水准点的点位建造埋深图

2014 年 8 月和 2015 年 3 月进行了两次 GPS 静态测量实验，共选取了 12 个典型测量点进行测量，测量点分布见图 2.19。野外观测站选用 GNSS 以及国家水准点为基准站，选用其他感兴趣点为观测点。感兴趣点包括铁路路基界碑、公路路基界碑、输油管线与通信光缆等暴露于地面的明显标志物，实验区域等共计 12 个，有代表性的部分野外测量选点见图 2.20。

3. GPS 测量与平差解算结果

分别于 2014 年 8 月（夏季）、2015 年 3 月（冬季）各组织了一次 GPS 观测。夏季使用了 3 台双频 V30 仪器观测。为降低外野总体作业时间，冬季采用了 3 台双频 V30 仪器、3 台 A10，共六台仪器观测。两次实验选用的点位相同，基线的观测时长平均为 60 分钟。

图 2.19　GSP 测量点分布图

红色图标为基准站位置，黄色图标为选取的测量点位置

（a）GNSS大地控制点

（b）水准点

（c）铁路路基界碑

（d）实验路基观测点

（e）输油管线界碑

图 2.20　野外测量部分 GPS 观测站选取

　　首先利用澳大利亚地球科学组织（http://www.ga.gov.au/scientific-topics/positioning-navigation/geodesy/auspos）提供的 GPS 在线解算服务（AUSPOS），在 ITRF2014 参考框架下分别将三个基准点的观测数据与测区周围 11 个临近 IGS 常年跟踪站的观测数据进行联测解算，得到的点位大地高结果如表 2.4 所示。观察表 2.4 可以发现，GNSS 与 SZD1 的形变方向与大小保持一致。考虑这两个基准点建造年代较近，并且与测区流动站距离较远，因此可认为测区流动站点的冬季和夏季大地高变化与这两个基准点不相关，在后续的冬季和夏季网平差中这两个点的坐标将作为固定点，即不考虑这两个点位的冬夏季形变。

表 2.4　三个待选基准点 2014 年与 2015 年大地高解算结果

点名	2014 年 8 月大地高/m	2015 年 3 月大地高/m	2014 年 8 月与 2015 年 3 月较差/m
GNSS	4579.6430	4579.543	0.1000
SZD1	4657.9050	4657.812	0.0930
SZD2	4598.7230	4598.800	−0.0770

　　为得到各点的三维坐标，利用 GPS 基线解算准则在对各观测基线进行精细解算后，分别对 2014 年数据进行自由网平差，固定 GNSS 与 SZD1 两个点的三维坐标对 2015 年数据进行约束的网平差，最终得到表 2.5 中的各点大地高平差结果。

表 2.5　12 个测量点 2014 年与 2015 年大地高平差解算结果

点名	2014 年 8 月大地高/m	2015 年 3 月大地高/m	2014 年 8 月与 2015 年 3 月较差/m
GNSS-J372	4579.6430	4579.6430	0.0000
SZD1	4657.9050	4657.9050	0.0000
SZD2	4598.9512	4598.9058	0.0454
旧 109 道东侧点 1	4593.1077	4593.2005	−0.0928
旧 109 道西侧点 1	4593.9736	4594.0597	−0.0861
实验路基 29 点	4597.0493	4597.0957	−0.0464
实验路基 73 点	4595.0727	4595.1384	−0.0657
实验路基水准点	4597.4335	4597.4864	−0.0529
铁路路基 1132_8	4600.4607	4600.5290	−0.0683
铁路桥北端 1130-605	4589.1858	4589.1917	−0.0059
新 109 道东侧点	4579.9351	4579.9588	−0.0237
新 109 道西侧油线 0285	4583.0977	4583.1334	−0.0357

　　由于 GPS 仪器的高程方向有 5 mm 的固有观测误差，因此 2014 年与 2015 年的大地高较差在 1 cm 以上时推理出该点有季节性变化才有较大可信度。由表 2.5 可知，测区整体在冬季有抬升，平均约 5 cm。

2.4.2　活动层厚度测量

2018 年 8 月，研究团队使用 LTD-2100 型探地雷达在北麓河地区开展了活动层厚度野外测量实验。下文介绍探地雷达、采集数据的结果。

1. LTD-2100 型探地雷达

LTD-2100 型探地雷达是中国电波传播研究所最新研制的小型化便携式探地雷达（图 2.21），可挂接八种不同天线对地下隐蔽目标进行探测，已广泛应用于工程检测和地质勘查等军用和民用领域中。它以数字化步进控制电路为基础，以 ARM 系统为核心，采用 WinCE 系统，与以往的 LTD 系列探地雷达相比，LTD-2100 型探地雷达具有"小型化便携式设计""稳定性强""探测精度高""系统软件功能完备、使用简单"等特点，整个系统由便携式主机、收发天线、综合控制电缆、测距轮（可选）、内置 12V 锂电池、数据采集和处理软件等组成。LTD-2100 型探地雷达主机有单、双通道模式可选，分时工作；可连续工作超过四个小时，整机功耗为 15W，在现场将仪器正确连接后，借助于便携机内的"数据采集和处理软件"，可完成参数调试、数据采集、数据回放和处理的整个过程。

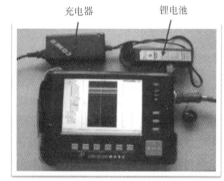

图 2.21　LTD-2100 型探地雷达

2. 探地雷达数据采集过程

根据实际情况，探地雷达野外试验采用测距轮控制，测距轮控制方式必须通过测距轮的不断转动进行触发并传送一个信号，系统才会进行数据采集。参数设置完毕，选择连续探测方式后，拖动天线，系统将依据扫描速度的设定自动采集数据，此种方式过程简单，不用人工干预，现场实测见图 2.22。

（a）　　　　　　　　　　　　　　（b）

图 2.22　实测野外照片

此次野外试验共采集四个地物类型的区域：热融湖周围的高寒草原区（Path 1）、气象站附近的高寒荒漠区（Path 2 和 Path 3）、孤山附近的高寒荒漠区（Path 4）、青藏铁路附近的高寒草甸区（Path 5）。具体采集区域叠加到 Google Earth（图 2.23），叠加图像为 TerraSAR-X。其具体探测详细参数见表 2.6。

图 2.23　探地雷达实地探测区域

表 2.6　LTD-2100 型探地雷达野外探测区域详细参数

探测路径	探测起始经纬度	探测终止经纬度	探测起始高程/m	探测终止高程/m
Path 1	（34.8214268°N，92.918269°E）	（34.8220830°N，92.9175826°E）	4600.02	4599.44
Path 2	（34.8292597°N，92.9335391°E）	（34.8295214°N，92.9327724°E）	4603.92	4607.38
Path 3	（34.8297767°，92.9328359°E）	（34.830211°N，92.933717°E）	4619.15	4617.16

探测路径	探测起始经纬度	探测终止经纬度	探测起始高程/m	探测终止高程/m
Path 4	（34.8313144°，92.989928°E）	（34.8321063°N，92.9093573°E）	4646.66	4647.55
Path 5	（34.8274667°N，92.9151411°E）	（34.8275357°N，92.9156066°E）	4601.1	4596.95

3. 解译结果

1）热融湖周围的高寒草原区

热融湖周围的高寒草原区地表植被茂盛，其实地位置见图 2.23，图 2.24 为地理编码后的该地区在 TerraSAR-X 图像和 Google Earth 图像上的实际位置。剖面全长 91 m，图 2.24 中的黄色标记为探测雷达的起始地理坐标和终止地理坐标（表 2.6）。根据雷达波形特征，该地区平均融化深度为 2.8 m，最大融化深度为 3.1 m 左右，该处波形振幅较大，在活动层和冻土层两种介质分界面，由于介电常数发生变化，回波相位正负变化，连续性较好，据此推断该时段的融化深度为 3.1 m。图 2.25（a）和图 2.25（b）中的红圈可能是因地层差异引起的。同时在深度为 2.3～3.5 m 也有振幅较大且相位变化的反射波，该反射波可能是由地层含冰层引起的。

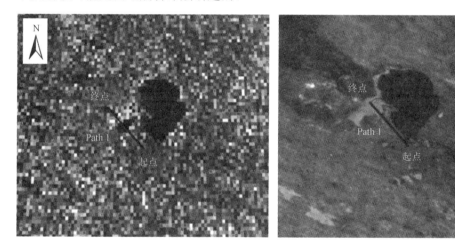

图 2.24　Path 1 勘测剖面实地位置示意图

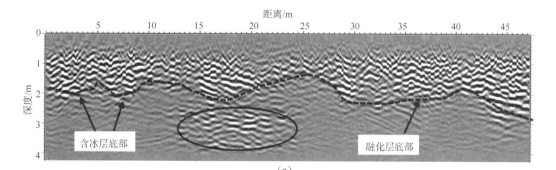

（a）

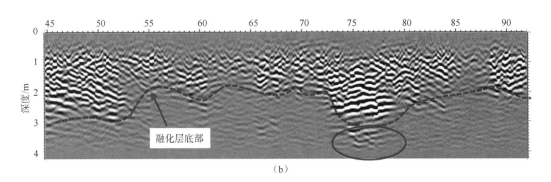

（b）

图 2.25　Path 1 雷达实测剖面图

2）气象站附近的高寒荒漠区

该区地表植被较为稀疏，其位置见图 2.23，图 2.26 为该地区在 TerraSAR-X 图像和 Google Earth 图像上的实际分辨率图像，剖面全长分别为 82 m 和 98 m。

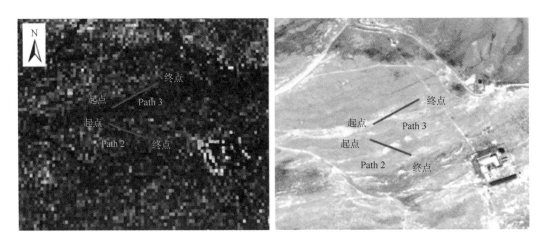

图 2.26　Path 2 和 Path 3 勘测剖面实地位置示意图

在 Path 2 雷达剖面上，剖面长度为 82 m，图 2.27 中的红线为最大融化深度，最大值为 4 m 左右，平均融化深度在 2.5 m 左右。剖面数据质量比较好，天线拖动时稳定，波纹连续且错断较少，但在拖动距离 0～5 m 范围内出现连续、振幅较大且正负变化的反射波，该位置融化深度为 4 m。图中的红圈部位可能是由地层差异引起的。

在 Path 3 雷达剖面上，剖面长度为 98 m，图 2.28 中的红线为最大融化深度线，最大值为 4 m，平均融化深度为 2 m。融化深度为 2.6 m 附近出现连续、振幅较大且正负变化的反射波，该位置最大融化深度为 2～3 m。图 2.28（c）在深度 3～4 m 时也有振幅较大且相位变化的反射波，该反射波可能是由地层含冰层引起的。

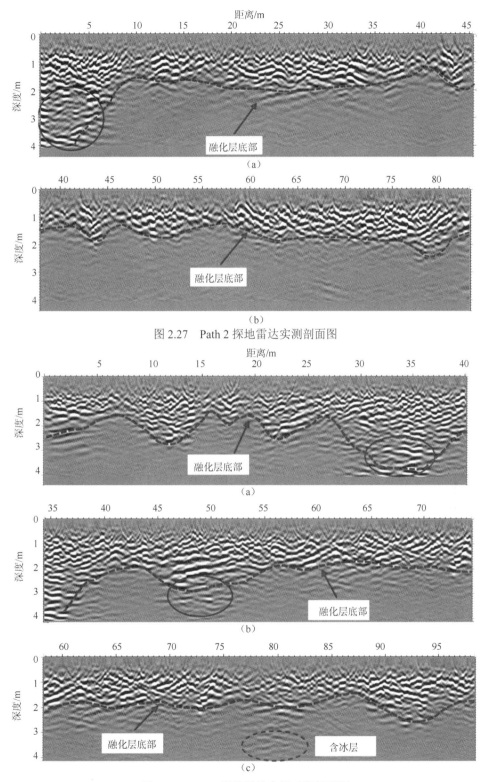

图 2.27　Path 2 探地雷达实测剖面图

图 2.28　Path 3 探地雷达实测三段剖面图

3）孤山附近的高寒荒漠区

该地区探地雷达勘测剖面文件为 Path 4，探测时间为 2018 年 8 月 28 日 17:49，地表植被稀疏，位于孤山阳坡附近，其实地位置见图 2.29，剖面全长为 78.6 m。

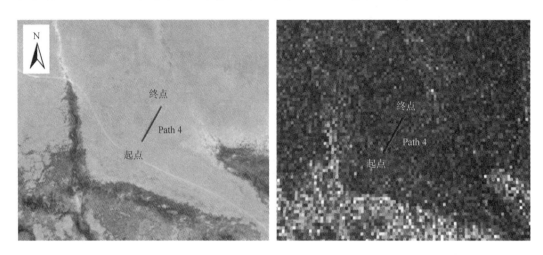

图 2.29　Path 4 勘测剖面实地位置示意图

在 Path 4 的雷达剖面上，图 2.30 中的红线为最大融化深度线，最大值为 3.4 m，平均融化深度为 3 m，波纹存在一些拼接痕迹，整体显得杂乱，这是由于拖动天线时速度较快，天线拖动时不稳定，不停地抬起造成了剖面间断，也可能为地下管线，在拖动距离为 54 m 左右存在波纹跳变，可能是由冻胀丘造成天线抬起发生剖面的电磁震荡，总体波纹能量较强，连续性较好。

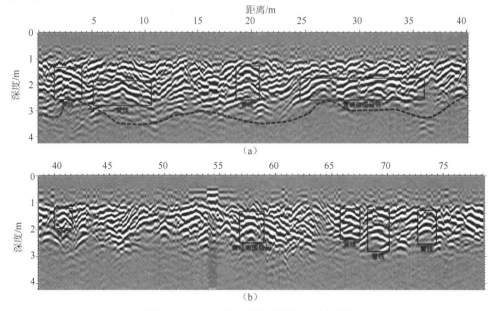

图 2.30　Path 4 探地雷达实测二段剖面图

4）青藏铁路附近的高寒草甸区

该地区探地雷达勘测剖面文件为 Path 5，探测时间为 2018 年 8 月 28 日 18∶18，地表植被稀疏，其实地位置见图 2.31，剖面全长为 8 m。在 Path 5 的雷达剖面上，图 2.32 中的红线为最大融化深度线，最大值为 3 m，平均融化深度为 2.6 m。由于剖面距离较短，能量不均匀，该处显得断断续续。

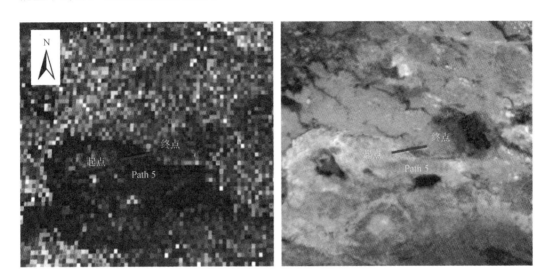

图 2.31　Path 5 勘测剖面实地位置示意图

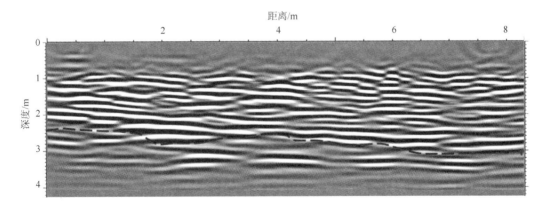

图 2.32　Path 5 探地雷达实测剖面图（8 m）

2.4.3　青藏铁路路基横剖面测量

为了详细了解青藏铁路的结构特征，2014 年 7 月利用皮尺和罗盘对四处典型的青藏铁路桥横剖面进行测量，其位置示意图如图 2.33 所示。a_1—a_1'、a_2—a_2' 和 a_3—a_3' 是三条青藏铁路的横剖面，其横剖面结构如图 2.34 所示。青藏铁路冻土路基主要采用"冷却路基”的设计理念，整体上主要冻土路基结构形式包括普通填土路基、块石基底路基、块石护坡路基、"U"形块石路基、重力式热管路基及部分试验段特殊路基，包括管道通风路基、遮阳棚路基和遮阳板路基（牛富俊等，2011）。

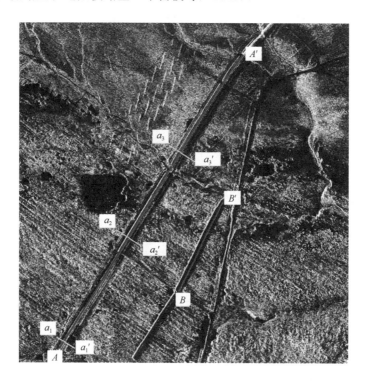

图 2.33　青藏铁路横剖面位置示意图

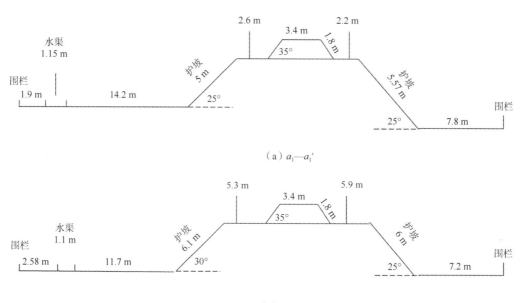

（a）a_1—a_1'

（b）a_2—a_2'

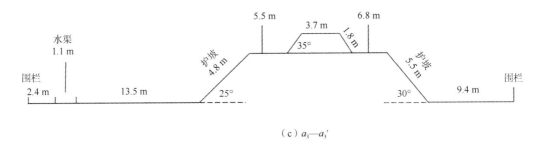

（c）a_3—a_3'

图 2.34　青藏铁路横剖面示意图

北麓河实验路基由中国科学院原寒区旱区环境与工程研究所于 2009 年修建，位于草甸区。试验路基长约 600 m，宽约 14 m，两侧的坡度约为 40°，测量的纵剖面和横剖面如图 2.35 所示。在实验路基底部埋设了不同的路基冷却措施，用于测试不同冷却措施的冷却效果，主要有 6 种冷却措施：圆竖管、方形空心砖、水泥圆管道、小碎石、大块石和散热棒[图 2.35（a）]，这几种措施也会组合铺设。图 2.36 是实验路基路面和侧面的野外照片，在实验路基的水泥路面上，我们可以看到冻融作用导致的路面裂纹。

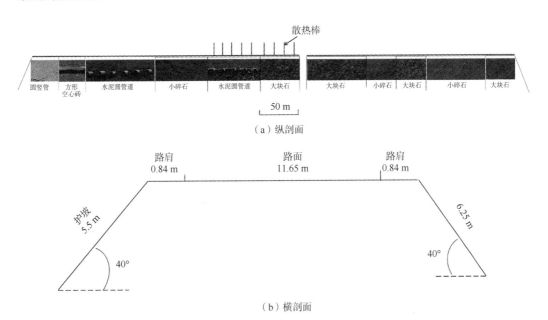

（a）纵剖面

（b）横剖面

图 2.35　北麓河实验路基

图 2.36　实验路基路面和侧面的野外照片

2.4.4　土壤地温和含水量剖面测量

土壤样品采集和地温测量如下所述。

土壤容重是指单位容积烘干土的重量，土壤容重测量主要有环刀法或挖坑法。一般选择具有代表性的土层进行取样，每次取样至少取 3 个重复样本，采样时必须注意土壤湿度不宜过大或过小。使用容积约 120 cm³ 的圆形铝盒来装土样，在铝盒盖上标明样品编号，使用密封袋对其进行密封（防止水分蒸发），并在野外调查记录表上记录。取完土样后立即称取土样的湿重，实验结束后利用烘干箱对土样进行烘干，称取土样的干重，进而得到土样的容重。

使用 JM424M 弯头便携式数字温度计测量每个土样的温度，可测量–50～900 ℃的温度，测温范围大、测温迅速是其突出特点，JM 424/426 为表面温度计，传感器独具特色，可方便地测量物体各种形状表面的温度。

2014 年 7 月，研究团队在北麓河地区选取了两个典型土壤类型（高原草甸和荒漠），进行了土壤剖面取样（图 2.37），深度每隔 20 cm 左右取一份土样，取出土后立即用温度计测量土壤温度，然后将取得的土壤放入铝盒中并使用密封袋密封，实验结束后放入烤箱中对其进行烘干，进而得到取样点的含水量剖面和地温剖面。其中高原草甸土壤取样

图 2.37　土壤剖面取样野外照片

深度在 152 cm 时地温达到了 0 ℃，高原荒漠土壤取样深度在 130 cm 时达到了 0 ℃。另外，在清水河地温观测场和昆仑山垭口活动层观测场附近进行了土壤剖面取样，土壤取样深度分别在 187 cm 和 160 cm 处地表温度达到了 0 ℃，具体参数见表 2.7。土壤地温和含水量剖面测量结果见图 2.38。

表 2.7　土壤剖面取样参数

点号	植被类型	取样深度/cm	位置	地理坐标
No.1	高原草甸	152	北麓河实验路基西侧	34°49′28″N，92°55′36″E
No.2	高原荒漠	130	北麓河气象站附近	34°49′44″N，92°55′54″E
No.3	高原草甸	187	清水河地温观测场附近	35°26′N，93°36′E
No.4	高原荒漠	160	昆仑山垭口活动层观测场附近	35°37′N，94°04′E

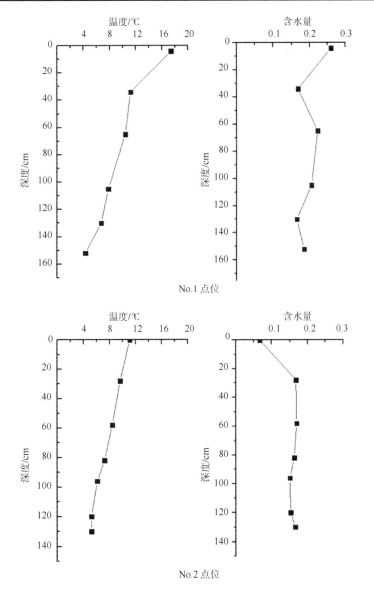

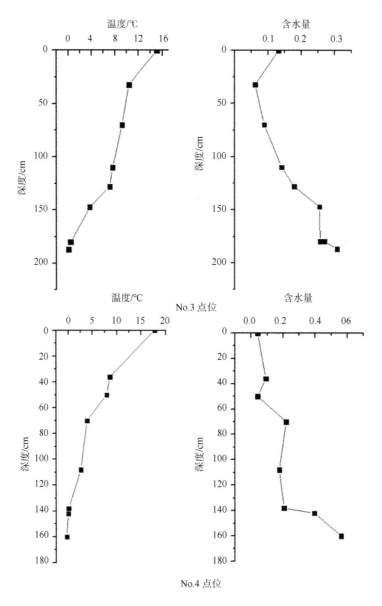

图 2.38　土壤地温和含水量剖面测量结果

2.4.5　土壤含水量测量

　　2014~2016 年研究团队在青藏高原北麓河研究区进行了四次野外土壤水分测量实验，一次在冬季（2016 年 3 月），其他三次在夏季（2015 年 8 月、2016 年 7 月和 8 月），进行测量的时间基本与卫星成像时间同步或相差时间较短。研究区范围内共有 19 个采样点，其中有 7 个点位于草甸区，4 个点位于研究区的坡脚处，8 个点位于研究区的荒漠区。采样点的命名规则为地名（北麓河，BL）结合点名和采样日期，如 2016 年 3 月

8 号第一号点采样，该点命名为 BL-1-20160308。野外测量土壤含水量和地表粗糙度的采样点数据位置如图 2.39 所示。

图 2.39　野外土壤水分测量点分布图

1. 土壤含水量测量

用 TDR（time domain refectometer）测量 0～5 cm 深度土壤的体积含水量，每个采样点测 6 次，取平均值。6 次选的位置在采样点周围 1 m×1 m 范围内。为了验证用 TDR 测量土壤水分的准确性，进行 TDR 测量的同时，对每一个采样点取三次土样，分别用铝盒保存，用于计算其质量含水量。利用烘干法测量土样的质量含水量，根据烘干后的土壤质量和铝盒体积即可求得土壤的容重。再根据每个测量点的土壤容重，可以将得到的土样质量含水量转化为体积含水量，用于对用 TDR 测量的体积含水量进行校正。土壤质量含水量和土壤体积含水量的关系如下：

$$M_\mathrm{v} = \rho_\mathrm{b} M_\mathrm{g} \tag{2.1}$$

式中，M_v 为土壤体积含水量；ρ_b 为土壤容重；M_g 为土壤质量含水量。

表 2.8 是计算得出的每个采样点的土壤容重，所有采样点的土壤容重在 1.0～1.60 g/cm^3。其中位于草甸区的点 BL-8、BL-9、BL-12、BL-13、BL-18、BL-19 的土壤容重在 1.2 g/cm^3 附近，明显小于其他点的容重。这是因为在草甸区，土壤中有较多的植物根系等有机质，土壤孔隙度较大，土壤容重较小。计算土壤容重后，根据烘干法测量的土壤质量含水量，利用式（2.1）可以将其转换为土壤体积含水量。

表 2.8　采样点的土壤容重

点名	土壤容重/（g/cm³）	点名	土壤容重/（g/cm³）
BL-1	1.59	BL-11	1.56
BL-2	1.49	BL-12	1.28
BL-3	1.53	BL-13	1.12
BL-4	1.54	BL-14	1.51
BL-5	1.46	BL-15	1.54
BL-6	1.53	BL-16	1.60
BL-7	1.50	BL-17	1.34
BL-8	1.0	BL-18	1.32
BL-9	1.0	BL-19	1.29
BL-10	1.54		

　　表 2.9 是四次野外实验用 TDR 测量的土壤体积含水量与由质量含水量转换成的土壤体积含水量。图 2.40 是测量的体积含水量和质量转化的体积含水量的线性回归拟合图，拟合的均方根误差为 0.039，拟合得到的线性方程用于 TDR 测量的土壤体积含水量的校正。

表 2.9　用 TDR 测量的土壤体积含水量与由土壤质量含水量转换成的土壤体积含水量　　（单位：%）

采样点名	2015.08.12		2016.03.08		2016.07.29		2016.08.03	
	M_{v_1}	M_{v_2}	M_{v_1}	M_{v_2}	M_{v_1}	M_{v_2}	M_{v_1}	M_{v_2}
BL-1	15.4	16.79	2.5	0.5	5.1	2.3	3.5	1.4
BL-2	29.2	20.0	1.9	0.8	16.4	22.1	15.0	17.9
BL-3	17.1	19.9	—	0.6	7.7	5.2	3.7	1.1
BL-4	15.3	18.9	—	1.3	14.8	12.7	9.2	15.2
BL-5	15.8	13.3	—	0.9	10.4	7.4	7.5	2.5
BL-6	16.1	17.7	—	0.4	4.7	3.2	3.4	0.7
BL-7	10.3	14.6	—	0.4	6.3	1.1	2.6	1.1
BL-8	30.7	33.2	—	1.3	32.2	25.3	30.2	24.2
BL-9	22.4	20.9	—	2.0	11.4	10.7	4.1	5.1
BL-10	15.5	23.4	3.1	0.6	5.8	3.5	3.7	0.8
BL-11	15.1	19.8	2.6	0.4	4.9	3.5	4.0	1
BL-12	22.7	28.2	1.9	0.2	19.6	28.9	17.5	20.2
BL-13	20.7	20.1	1.8	0.9	17.0	17.5	10.2	8.8
BL-14	14.3	13.4	2.5	0.4	12.1	14.6	10.6	6.4
BL-15	15.4	20.1	2.7	0.3	5.7	7.5	4.0	0.6
BL-16	15.1	19.2	2.6	0.3	7.7	0.9	3.6	0.6

续表

采样点名	2015.08.12		2016.03.08		2016.07.29		2016.08.03	
	M_{v_1}	M_{v_2}	M_{v_1}	M_{v_2}	M_{v_1}	M_{v_2}	M_{v_1}	M_{v_2}
BL-17	25.4	24.5	4.1	1.4	50.4	26.1	41.0	19.7
BL-18	23.5	20.6	4.4	1.4	33.4	27.9	38.4	29.1
BL-19	21.4	22.0	2.5	0.6	25.9	28.2	21.3	24.3

注：M_{v_1} 为用 TDR 测量的土壤体积含水量；M_{v_2} 为土壤质量含水量转换成的土壤体积含水量。

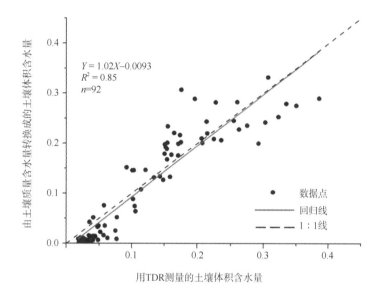

图 2.40　用 TDR 测量的土壤体积含水量和由土壤质量含水量转换成的土壤体积含水量散点图

2. 土壤粗糙度测量

在野外实验中使用针式剖面仪法进行了土壤粗糙度测量，实验使用的土壤粗糙度测量仪如图 2.41 所示。在每个测量点进行了 6 次不同方向的土壤粗糙度测量，取平均值得

图 2.41　土壤粗糙度测量仪

土壤粗糙度测量仪长 1 m，探针间隔 1 cm

到土壤粗糙度，即地表高程起伏（H_{rms}）和相关长度（L_c）。在实际处理中，计算地表粗糙度和相关长度的流程如图 2.42 所示。首先将针孔面板的上半部分裁剪出来，然后在上半部分有效区域绘制两条平行的基准线，再探测每个针头的位置，最后根据相关公式计算该点的土壤粗糙度和相关长度。

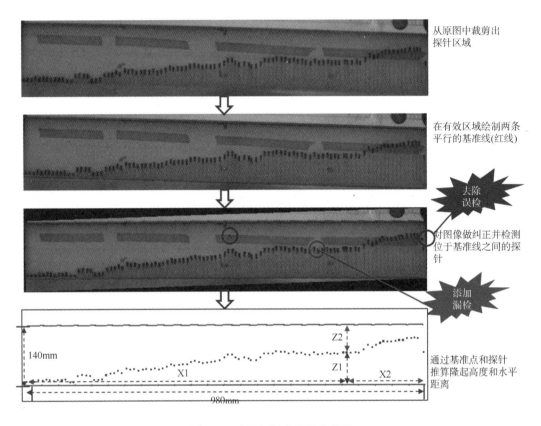

图 2.42　土壤粗糙度计算流程图

　　表 2.10 是计算得到的测量点的土壤粗糙度，结果显示，实验区的 H_{rms} 变化范围为 0.5～1.6 cm，L_c 的变化范围为 4～19 cm。在整个观测期间只进行了一次土壤粗糙度的测量，假设在整个观测期间研究区的土壤粗糙度保持不变。图 2.43 是测量的地表高程起伏与相关长度的关系，两者之间存在一定的线性关系。另外，需要指出，土壤粗糙度的测量误差与粗糙度测量仪的长度和探针间隔相关。

表 2.10　采样点实测土壤粗糙度

点名	地表高程起伏/mm	相关长度/mm	点名	地表高程起伏/mm	相关长度/mm
BL-1	12.8	99.9	BL-5	7.5	110.2
BL-2	6.7	113.3	BL-6	10.5	145.1
BL-3	5.1	106.3	BL-7	7.3	113.7
BL-4	5.0	98.8	BL-8	9.8	110.1

点名	地表高程起伏/mm	相关长度/mm	点名	地表高程起伏/mm	相关长度/mm
BL-9	11.7	131.4	BL-15	5.7	84.8
BL-10	7.3	127.7	BL-16	9.7	144.4
BL-11	9.9	163.2	BL-17	9.0	150.8
BL-12	12.9	194.8	BL-18	16.5	173.3
BL-13	19.7	115.6	BL-19	6.5	38.0
BL-14	9.0	130.4			

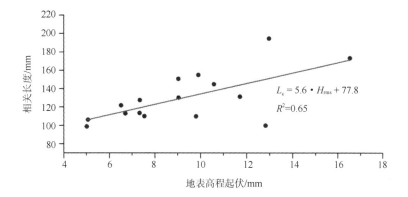

图 2.43　测量的地表高程起伏和相关长度的关系

2.4.6　植被生物量测量

2015 年 8 月 12 日、2016 年 3 月 8 日、2016 年 7 月 30 日和 2016 年 8 月 9 日,研究团队在雷达卫星过境前后在北麓河开展了 4 次植被生物量野外调查测量(图 2.44)。植被生物量采集的位置和土壤含水量采样点的位置相同,每次采集 19 个点。地表覆盖类型主要包括高寒草甸、坡积物和高寒荒漠三大类。

图 2.44　北麓河地表植被生物量野外调查

在每个采样点的 1 m×1 m 范围内将地表所有的植被取出并放入密封袋内,防止植被内水分散失,给每个密封袋标号并记录。取完样后立即称量植物的鲜重,试验结束后利用烘干箱对草样进行烘干,称取草样的干重,测量结果如表 2.11～表 2.14 所示。

表 2.11　2015 年 8 月 12 日北麓河植被生物量采集数据

点号	鲜重/g	干重/g	生物量/g	点号	鲜重/g	干重/g	生物量/g
BL-1	66.1874	27.417	38.7704	BL-11	37.996	18.003	19.993
BL-2	—	—	—	BL-12	247.76	121.6	126.16
BL-3	89.0734	32.738	56.33	BL-13	—	—	—
BL-4	—	—	—	BL-14	56.529	33.509	23.02
BL-5	23.1114	9.954	13.1574	BL-15	62.851	23.167	39.684
BL-6	26.957	5.941	21.016	BL-16	82.826	30.497	52.329
BL-7	61.024	27.964	33.06	BL-17	—	—	—
BL-8	292.46	123.336	169.124	BL-18	41.0696	17.04	24.0296
BL-9	—	—	—	BL-19	180.94	103.524	77.416
BL-10	66.1874	27.417	38.7704				

注:—表示没有测量数据。

表 2.12　2016 年 3 月 8 日北麓河植被生物量采集数据

点号	鲜重/g	干重/g	生物量/g	点号	鲜重/g	干重/g	生物量/g
BL-1	5.88	5.21	0.67	BL-7	15.54	14.34	1.2
BL-2	8.36	7.51	0.85	BL-8	26.48	23.68	2.8
BL-3	13.63	12.75	0.88	BL-9	24.6	21.76	2.84
BL-4	5.28	4.64	0.64	BL-10	6.2	5.52	0.68
BL-5	9.27	8.48	0.79	BL-11	13.44	12.37	1.07
BL-6	6.49	5.9	0.59	BL-12	8.99	8.23	0.76

续表

点号	鲜重/g	干重/g	生物量/g	点号	鲜重/g	干重/g	生物量/g
BL-13	24.92	22.2	2.72	BL-17	5.21	4.66	0.55
BL-14	2.97	2.37	0.6	BL-18	46.83	44.29	2.54
BL-15	4.73	4.34	0.39	BL-19	26.49	25.82	0.67
BL-16	2.98	2.57	0.41				

表 2.13　2016 年 7 月 30 日北麓河植被生物量采集数据

点号	鲜重/g	干重/g	生物量/g	点号	鲜重/g	干重/g	生物量/g
BL-1	129.004	53.56	75.444	BL-11	29.431	12	17.431
BL-2	122.092	66.16	55.932	BL-12	73.496	31.6	41.896
BL-3	32.976	13.73	19.246	BL-13	88.824	30.84	57.984
BL-4	25.096	11	14.096	BL-14	52.664	33.35	19.314
BL-5	39.994	16.67	23.324	BL-15	74.29	29.34	44.95
BL-6	35.317	14.92	20.397	BL-16	47.685	16.48	31.205
BL-7	58.681	30.19	28.491	BL-17	70.62	8.33	62.29
BL-8	143.084	62.12	80.964	BL-18	225.732	85.92	139.812
BL-9	190.568	61.52	129.048	BL-19	100.68	43.08	57.6
BL-10	62.536	25.25	37.286				

表 2.14　2016 年 8 月 9 日北麓河植被生物量采集数据

点号	鲜重/g	干重/g	生物量/g	点号	鲜重/g	干重/g	生物量/g
BL-1	—	—	—	BL-11	—	—	—
BL-2	—	—	—	BL-12	77.48	32.76	44.72
BL-3	33.89	15.08	18.81	BL-13	223.44	69.68	153.76
BL-4	—	—	—	BL-14	132.38	104.42	27.96
BL-5	39.24	16.5	22.74	BL-15	83.02	32.59	50.43
BL-6	34.52	15.41	19.11	BL-16	58.67	11.93	46.74
BL-7	—	—	—	BL-17	88.12	44.8	43.32
BL-8	—	—	—	BL-18	196.24	75.76	120.48
BL-9	243	89.2	153.8	BL-19	243.48	146.64	96.84
BL-10	28.07	13.13	14.94				

2.5　本 章 小 结

本章 2.1 节介绍了多年冻土的冻融过程、多年冻土特性指标，以及多年冻土活动层冻融作用与地表形变之间的关系；2.2 节介绍了北麓河研究区的地理环境、气候特点、冻土特性及冻土工程，北麓河地区属于多年冻土区，含冰量高，冻融过程复杂，稳定性差，对气候变化异常敏感；2.3 节介绍了本书中使用的数据源，主要包括 TerraSAR-X 数据、SRTM DEM 高程数据和野外测量数据，重点介绍了 TerraSAR-X ST 模式数据的成像特点和参数；2.4 节介绍了研究团队高原野外实测及实验数据，包括 GPS 测量、活动层厚度测量、青藏铁路路基横剖面测量、土壤温度和湿度测量、植被生物量测量等。本章为后续研究区土壤含水量反演、冻土及冻土工程形变监测和冻土活动层厚度反演提供了实验数据和验证数据。

参 考 文 献

程国栋, 金会军. 2013. 青藏高原多年冻土区地下水及其变化. 水文地质工程地质, 40(1): 1-11.

高鹏. 2010. 青藏铁路多年冻土区通信直埋光缆线路工程施工技术探讨. 铁道通信信号, 46(3): 52-53.

高泽永. 2014. 青藏高原多年冻土区热融湖塘对土壤水文过程的影响. 兰州: 兰州大学硕士学位论文.

金会军, 喻文兵, 陈友昌, 等. 2005. 多年冻土区输油管道工程中的(差异性)融沉和冻胀问题. 冰川冻土, 27(3): 454-464.

李森. 2007. 基于 IEM 的多波段、多极化 SAR 土壤水分反演算法研究. 北京: 中国农业科学院博士学位论文.

李永强. 2008. 青藏铁路运营期多年冻土区路基工程状态研究. 兰州: 兰州大学博士学位论文.

李元寿, 王根绪, 丁永建, 等. 2008. 青藏高原高寒草甸区土壤水分的空间异质性. 水科学进展, 19(1): 61-67.

陆子建, 吴青柏, 盛煜, 等. 2006. 青藏高原北麓河附近不同地表覆被下活动层的水热差异研究. 冰川冻土, 28(5): 642-647.

罗京, 牛富俊, 林战举, 等. 2012. 青藏高原北麓河地区典型热融湖塘周边多年冻土特征研究. 冰川冻土, 34(5): 1110-1117.

罗京, 牛富俊, 林战举, 等. 2015. 1969~2010 年青藏高原北麓河盆地热喀斯特湖塘演化过程. 科学通报, (9): 871-871.

马巍, 王大雁, 等. 2014. 冻土力学. 北京: 科学出版社.

倪维平, 边辉, 严卫东, 等. 2009. TerraSAR-X 雷达卫星的系统特性与应用分析. 雷达科学与技术, 7(1): 29-34.

牛富俊, 马巍, 吴青柏. 2011. 青藏铁路主要冻土路基工程热稳定性及主要冻融灾害. 地球科学与环境学报, 33(2): 196-206.

钱进, 刘厚健, 俞祁浩, 等. 2009. 青藏 500 kV 输电工程沿线冻土工程特性及其对策探讨. 中国农村水利水电, (4): 106-111.

汪双杰, 王佐, 袁堃, 等. 2015. 青藏公路多年冻土地区公路工程地质研究回顾与展望. 中国公路学报, 28(12): 1-8.

王家澄, 吴紫汪, 刘永智, 等. 1997. 青藏公路沿线通信光缆埋设地段冻土工程地质条件及评价. 冰川冻土, 19(3): 240-244.

吴青柏, 刘永智, 施斌, 等. 2002. 青藏公路多年冻土区冻土工程研究新进展. 工程地质学报, 10(1): 55-61.

吴青柏, 牛富俊. 2013. 青藏高原多年冻土变化与工程稳定性. 科学通报, 58(2): 115-130.

张鲁新, 熊治文, 韩龙武. 2015. 青藏铁路冻土环境和冻土工程. 北京: 人民交通出版社.

张明礼, 温智, 薛珂. 2015. 北麓河多年冻土活动层水热迁移规律分析. 干旱区资源与环境, 29(9):

176-181.

张晓阳. 2011. 高原冻土输电线路工程施工项目管理研究. 北京: 华北电力大学(北京)硕士学位论文.

张正加. 2007. 高分辨率 SAR 数据青藏高原冻土环境与工程应用研究. 北京: 中国科学院大学(中国科学院遥感与数字地球研究所)博士学位论文.

赵林, 程国栋. 2000. 青藏高原五道梁附近多年冻土活动层冻结和融化过程. 科学通报, 45(11): 1205-1211.

赵林, 盛煜. 2015. 多年冻土调查手册. 北京: 科学出版社.

赵元齐. 2015. 多年冻土地区输电线路杆塔基础温度场分析. 北京: 北京交通大学硕士学位论文.

Bryant R, Moran M S, Thoma D P, et al. 2007. Measuring surface roughness height to parameterize radar backscatter models for retrieval of surface soil moisture. IEEE Geoscience & Remote Sensing Letters, 4(1): 137-141.

Mittermayer J, Wollstadt S, Prats-Iraola P, et al. 2014. The TerraSAR-X staring spotlight mode concept. IEEE Transactions on Geoscience and Remote Sensing, 52(6): 3695-3706.

Wang C, Zhang Z, Zhang H, et al. 2017. Seasonal deformation features on Qinghai-Tibet railway observed using time-series InSAR technique with high-resolution TerraSAR-X images. Remote Sensing Letters, 8(1): 1-10.

Wu Q, Liu Y, Hu Z. 2011. The thermal effect of differential solar exposure on embankments along the Qinghai–Tibet Railway. Cold Regions Science and Technology, 66(1): 30-38.

Wu Q, Zhang T. 2010. Changes in active layer thickness over the Qinghai-Tibetan Plateau from 1995 to 2007. Journal of Geophysical Research: Atmospheres, 115(D9).

第3章 高分辨率 SAR 青藏高原
土壤水分反演

地表土壤水分是陆面生态系统水循环的重要组成部分，是陆地与大气能量交换过程中的重要参数之一，在全球水循环中发挥着重要的作用。在冻土环境中，土壤水分扮演着重要角色，多年冻土与大气之间的相互作用和能量交换主要通过活动层的水热动态变化来实现。因此，研究青藏高原多年冻土土壤水分含量及土壤水分分布，不仅对青藏高原地区的水平衡和气候环境有重要的作用，同时也有助于提高对该地区甚至全球的陆气交换作用机制的理解，具有重要的现实意义和科研价值。

本章首先回顾近年来 SAR 图像反演土壤水分的新进展，论述理论模型、经验模型和半经验模型等模型的原理和发展及其应用；然后重点研究基于高分辨率 SAR 图像的青藏高原冻土区地表土壤水分反演，针对青藏高原复杂的地表环境，提出结合不同入射角的时序 SAR 图像土壤水分反演方法，准确获取地表土壤水分含量而不需要辅助测量数据；最后使用时序高分辨率 SAR 图像反演土壤水分并对冻土区土壤含水量在时间及空间上的变化发展进行精细分析。本章的内容主要来源于前期 Wang 等（2018）的研究工作。

3.1 引　　言

土壤水分是水文、农业和气象及地-气能量交换等研究中的重要参数，直接影响着地表的物质交换和能量平衡，已成为研究水资源管理、自然与生态问题、农作物旱情监测和产量估计等应用的重要指标（李俐等，2015；余凡和赵英时，2010）。为了准确、快速地获取大面积地表土壤水分信息，国内外研究学者做了大量的研究。

传统的土壤水分测量方法主要依靠野外实地土壤水分测量，该方法只能获取有限的局部地区的土壤水分含量，且费时、费力、成本高，同时测量结果受测量工具及操作人员的经验影响较大。随着遥感技术的发展，它的监测范围广、分辨率高和重返周期短的特点，突破了传统的基于点测量获取土壤水分的局限，为大面积、实时或准实时监测土壤含水量提供了有效的途径。由于受到云层及光照的影响，光学遥感方法在土壤水分反演研究中存在一定的局限性。微波遥感具有全天时、全天候、不受云雾影响的特点，同时地表后向散射系数与地表介电常数有直接的相关性，使之成为地表土壤水分反演的重要手段（Ulaby et al.，1986）。国内外很多学者致力于被动微波遥感在青藏高原地区土壤水分反演中的应用（曾江源，2015；Van der Velde et al.，2014）。曾江源（2015）围绕被动微波土壤水分反演领域的两个核心问题展开研究，发展了青藏高原地区的温度反演模型，并应用于青藏高原地区的土壤水分反演，取得了较好的反演结果。Van der Velde 等（2014）利用 SSM/I（special sensor microwave images）数据研究了青藏高原区域 1987～

2008 年土壤水分变化情况。然而受低空间分辨率的影响，被动微波在流域尺度的土壤水分监测应用受到了较大的影响。

主动微波 SAR 具有更高的分辨率，可以实现大范围精细尺度上的土壤水分反演。研究表明，SAR 得到的地表后向散射系数与地表介电常数有直接相关联系，从而能在水文模型要求的范围内有效提取地表土壤水分信息（谢凯鑫等，2016）。由微波成像原理可知，电磁波与地表相互作用复杂，雷达后向散射信号除了受地表介电常数（土壤含水量）的影响以外，还受到地表其他参数（如植被层、地表粗糙度）和雷达系统参数（如波长、极化方式、入射角等）的影响（白晓静，2017）。对于裸露土表，估算土壤水分的问题在于如何消除土壤粗糙度的影响。而植被覆盖地表的微波信息的组成十分复杂，如何有效地提取土壤水分信息具有极大的挑战性。目前已发展的用于地表土壤水分反演的模型主要有理论模型、经验模型和半经验模型。虽然理论模型物理意义明确，适用于不同的雷达系统参数，但表达式十分复杂，很难直接用于土壤水分反演。经验模型和半经验模型借助实测数据或通过对理论模型的优化和近似得到适用于一定区域的散射模型，在反演土壤水分过程中受到广泛关注。近十几年，随着不同星载 SAR 卫星（如ERS-1/2、Radarsat-1/2、ALOS-PALSAR、TerraSAR-X、COSMO-SkyMed）的发射，不同分辨率、不同极化方式、不同波段的 SAR 被用于土壤水分反演应用中（Satalino et al.，2002；Srivastava et al.，2003；Lucas et al.，2010；Baghdadi et al.，2011）。

近年来，不少研究学者开始利用 SAR 数据对冻土区土壤水分反演进行研究。Tang 利用 15 景 Radarsat-2 全极化数据使用 Oh 模型对加拿大安大略滑铁卢市东部的一块干草田的土壤水分进行研究，结果显示 C 波段全极化数据能够区分冻土冻胀或融化的状态，但是对土壤水分反演的精度较低（Tang，2015）。Van der Velde 等利用 ASAR 数据对青藏高原那曲地区的土壤水分反演做了大量的研究工作（Van der Velde and Su，2009；Van der Velde et al.，2012）。目前国内外使用 SAR 图像反演青藏高原冻土区水分的研究较少，而使用高分辨率 SAR 反演青藏高原土壤水分更处于初级阶段（张正加，2017）。本章的目标是提出一种简单有效的土壤水分反演模型，能够反演不同时相的冻土区的土壤水分而不需要考虑地表粗糙度和植被的影响，为后续青藏高原多年冻土活动层厚度反演服务。

3.2　雷达遥感反演土壤水分基本概念

雷达遥感的基本过程：通过遥感平台的天线向目标发射电磁波脉冲，电磁波与地物目标发生相互作用，雷达天线接收目标的散射回波信息（频率、回波强度、相位等），根据回波信息可以计算得到地物目标的位置和形状信息。在雷达遥感中，雷达系统参数和地表参数是影响雷达后向散射系数的主要因素。雷达系统参数主要包括波长、入射角、发射频率、极化方式、天线增益、脉冲重复频率等。地表参数指用来描述地表几何特性和介电特性的参数，主要指在地表与雷达信号相互作用时影响地面散射特性的一系列因子，包括土壤水分、土壤粗糙度、土壤成分、土壤覆盖度、土壤含盐量等，其中起主要作用的是土壤含水量参数和地表粗糙度参数,土壤含水量是影响土壤介电特征的决定因素(李森,2007)。

3.2.1 土 壤 水 分

土壤是由土粒（固体）、水（液体）和空气（气体）组成的三相体系，三相中每一组分的数量和性质的变化都将直接影响土壤的物理性质。土壤水分通常是指保持在土壤孔隙中的水分，土壤水分含量直接决定土壤介电常数的大小。土壤水分含量的表达方式有多种：

（1）体积含水量，表示为单位体积的土中水的体积，单位为 m^3/m^3 或者用百分比（%）表示，具体定义为

$$\theta_v = \frac{V_w}{V_s} \qquad (3.1)$$

式中，V_w 为水占的体积（m^3）；V_s 为土壤的总体积（m^3）。需要注意的是，此处的 V_s 是土壤的总体积而不是土粒的总体积。

（2）重量含水量，也称为质量含水量，是指土壤中所含水的质量与烘干土质量的比值，具体定义为

$$\theta_m = \frac{M_w}{M_s} \qquad (3.2)$$

式中，M_w 和 M_s 分别为土壤中水的质量和土壤烘干后的质量，即干土质量。

土壤的质量含水量与体积含水量之间的换算公式如下：

$$\theta_v = \theta_m \cdot \rho \qquad (3.3)$$

式中，ρ 为土壤容重（g/cm^3）。土壤容重信息可以通过野外环刀法获取，一般含矿物质多而结构差的土壤（如砂土），土壤容积比重在 1.4～1.7 g/cm^3；含有机质多而结构好的土壤（如农业土壤），土壤容积比重在 1.1～1.4 g/cm^3。土壤容积比重可用来计算一定面积耕层土壤的重量和土壤孔隙度，也可作为土壤熟化程度指标之一，熟化程度较高的土壤，容积比重常较小。

土壤含水量是影响地表微波散射的主要因素，精确地测量土壤含水量在微波散射研究中及土壤水分研究中极为重要。目前测量土壤水分通常有以下几种方法。

（1）烘干法。该方法是目前测量土壤水分最标准的方法。一般流程是，首先将采集的新鲜土壤样品放入铝盒（已知铝盒重）中密封，防止土壤水分蒸发，用天平称重得到土壤的鲜重；然后将土壤样品放置于 105 ℃的烘箱中烘干 6～8h 至恒重，然后对烘干土壤样品称重。加热而减少的水分就是土壤中的水分重量，通过式（3.2）可以计算得到土壤样品的土壤含水量。

（2）电阻法。利用多孔性物质，如石膏、尼龙、玻璃纤维等的电阻和它们的含水量之间密切关系的原理，将这些物质嵌入电极中，将组件插入土壤中，使其吸收土壤水分达到并保持平衡状态，测量电阻块的电阻，进而测量其土壤水分。电阻读数和土壤水分之间的关系可以通过标定来确定。电阻块主要使用石膏块，因此电阻法通常称为石膏块法。

（3）中子法。该方法是目前世界公认的精度准、效率高的快速测量土壤体积含水量的方法，20 世纪 50 年代以来被广泛应用于土壤含水量测量。中子法测定土壤水分的基本原理是利用中子源辐射的快中子，碰到氢原子时慢化为热中子，通过热中子数量与土壤含水量之间的相关关系来确定土壤水分的多少。

（4）TDR 法。即时域反射法，是一种通过测量电磁波在埋入土壤中的导体的入射和反射时间差来求得土壤介电常数，进而测量得到土壤含水量的一种方法。TDR 法是 20 世纪 80 年代初发展起来的一种方法。

测量土壤水分的方法还有张力计法、热扩散法、干湿计法、频域反射计法等。常用的土壤水分测量方法优点和缺点如表 3.1 所示，在实际过程中可以根据实际情况和要求选择不同的水分测量方法。

表 3.1　主要土壤水分测量法优缺点

方法	优点	缺点
烘干法	操作简单，直观	采样会破坏采样区土壤水的连续性；取样会切断植被根系，扰乱土壤水分运动；土壤水分空间抑制性大时，测量结果代表性差
电阻法	成本低，操作简单	不适用于土壤含水量低的区域；由于滞后作用，测量灵敏度不高
中子法	不破坏土壤，不受温度压力的影响，可持续观测	仪器昂贵，空间分辨率低，无法对表层土壤进行含水量测量
TDR 法	测量时操作简单、方便，获取测量结果便捷	使用不具有普遍性

3.2.2　土壤介电特性

当雷达天线发射的电磁波到达地表时，与地表相互作用并发生散射和透射，散射波和透射波与入射波相比都发生了不同程度的衰减，散射波和透射波的传播速度也发生了改变，并且这种改变主要取决于土壤复介电常数的大小，这一点通过土壤的状态方程就可以看出。通常土壤复介电常数的实部与电磁波在土壤表面的散射和透射有关，主要受土壤含水量的控制，虚部与电磁波在土壤介质中的衰减有关，这主要受土壤盐度的控制（Dobson et al.，1985）。土壤复介电常数的大小通常与入射波的频率，以及土壤的组成、温度、物理化学和生物性质有关，其中起决定性作用的是土壤含水量，这也是微波遥感反演土壤水分的物理基础。

土壤复介电常数可以用以下形式表示：

$$\varepsilon = \varepsilon' + i\varepsilon'' \tag{3.4}$$

式中，ε' 为土壤复介电常数的实部，其大小主要受土壤含水量的控制，与电磁波在土壤表面的散射和透射有关；ε'' 为土壤复介电常数的虚部，其大小主要受土壤盐度的控制，与电磁波在土壤介质中的衰减有关。

对于大多数自然地表，$\varepsilon'' \ll \varepsilon'$。对于土壤，复介电常数实部取值范围在 2～4，虚部则小于 0.05（Ulaby et al.，1986）。当土壤水含量逐渐降低时，自由水含量也随之降低，从而导致土壤复介电常数的实部迅速减小。1985 年 Dobson 等利用波导介电常数测量系统和自由空间传播技术获取的 5 种不同土壤类型的实测数据，分析了入射波的频率、土壤体积含水量、土壤质地（沙土粒、壤土粒和黏土粒的比例）、土壤温度等与土壤复介电常数的关系，建立了一个关于土壤-水分-空气混合介电常数的半经验模型（Dobson 模型）。Dobson 模型已被广泛应用于土壤复介电常数的计算，并且模型拥有不依赖于具体土壤类型的模型参数，模型适用的频率范围为 1.4～18 GHz，且在大于 4 GHz 的范围内模型的计算值与实测值吻合度较高（Dobson et al.，1985），下面给出 Dobson 模型的具体形式。

土壤复介电常数的实部 ε' 和虚部 ε'' 可以分别由下式计算：

$$\varepsilon' = \left[1 + \frac{\rho_b}{\rho_s}(\varepsilon_s^\alpha - 1) + M_v^{\beta'} \varepsilon_{fw}'^\alpha - M_v \right]^{1/\alpha} \tag{3.5}$$

$$\varepsilon'' = \left[M_v^{\beta''} \varepsilon_{fw}''^\alpha \right]^{1/\alpha} \tag{3.6}$$

式中，参数 $\alpha = 0.65$，为常数；ρ_b 为土壤体密度，即土壤容重；ρ_s 为土壤中固态物质的密度，一般取值为 2.66；ε_s 为土壤中固体物质的介电常数，取值为 4.7；β'' 为复数参数，实部为 β'，虚部为 β''，其与土壤中黏土含量（C%）和砂土含量（S%）的关系可分别表示为

$$\beta' = 1.2748 - 0.519S - 0.152C \tag{3.7}$$

$$\beta'' = 1.33797 - 0.603S - 0.1166C \tag{3.8}$$

参数 $\varepsilon_{fw}' = \varepsilon_{w\infty} + \dfrac{(\varepsilon_{w0} - \varepsilon_{w\infty})}{1 + (2\pi f \tau_w)^2}$ 和 ε_{fw}'' 分别为自由水介电常数的实部和虚部，分别由以下方程给出：

$$\varepsilon_{fw}' = \varepsilon_{w\infty} + \frac{(\varepsilon_{w0} - \varepsilon_{w\infty})}{1 + (2\pi f \tau_w)^2} \tag{3.9}$$

$$\varepsilon_{fw}'' = \frac{2\pi f \tau_w (\varepsilon_{w0} - \varepsilon_{w\infty})}{1 + (2\pi f \tau_w)^2} + \frac{\sigma_{eff}}{2\pi \varepsilon_0 f} \cdot \frac{\rho_s - \rho_b}{\rho_s m_v} \tag{3.10}$$

式中，$\varepsilon_{w\infty}$ 为高频段纯水的介电常数上限，取值为 4.9；ε_{w0} 为纯水静态介电常数；T 为纯水温度（℃）；τ_w 为纯水温度 T 的函数（s），代表了纯水的弛豫时间，为纯水温度 T 的函数；ε_0 为自由水的空间电导率，取值为 8.854×10^{-12} F/m；σ_{eff} 为有效导电率，取值范围为 1.4～18 GHz，其表达式为

$$\sigma_{eff} = -1.645 + 1.939\rho_b - 2.25622S + 1.594C \tag{3.11}$$

纯水静态介电常数 $\varepsilon_{w\infty}$ 和纯水的弛豫时间 τ_w 分别由以下公式给出：

$$\varepsilon_{w\infty}(T) = 88.045 - 0.4147T + 6.2958 \times 10^{-4}T^2 + 1.075 \times 10^{-5}T^3 \tag{3.12}$$

$$\tau_w(T) = \frac{1.1109 \times 10^{-10} - 3.824 \times 10^{-12}T + 6.938 \times 10^{-14}T^2 - 5.096 \times 10^{-16}T^3}{2\pi} \tag{3.13}$$

Dobson 等用建立的半经验模型计算了四种不同土壤类型（沙土壤、壤土、粉沙土壤、粉沙黏土）分别在四种不同频率（1.4 GHz、5 GHz、10 GHz 和 18 GHz）条件下，纯水温度 T 为 23 ℃时，土壤容积含水量与介电常数之间的关系曲线，结果表明土壤类型对相同含水量土壤介电影响很大，因此在利用微波遥感进行地表土壤水分反演时，必须要考虑土壤类型的影响。

<h2 style="text-align:center">3.2.3　地表粗糙度</h2>

在雷达入射波与地面相互作用过程中，不仅与雷达传感器的系统参数、土壤介电特性有关，还与地表几何特性的地表粗糙度密切相关。地表粗糙度在微波散射领域一直以来都是一个重要的研究问题，它是影响地表后向散射系数的决定因素之一。因此，只有正确描述地表几何形态，构建相应的模型，才能进一步准确建立地表微波散射模型。需要注意的是，微波遥感中所讲的粗糙度是周期性结构表面的随机地表的粗糙度。

在微波遥感领域，一般用两个参量来描述地表几何特性的地表粗糙度：均方根高度、表面相关长度。这两个参数分别从垂直和水平两个视角对地表粗糙度进行描述，这种描述是相对于一种基准面的，这种基准面可以是周期性的平静表面，也可以是平均常数表面，这时只存在随机起伏表面，见图 3.1。

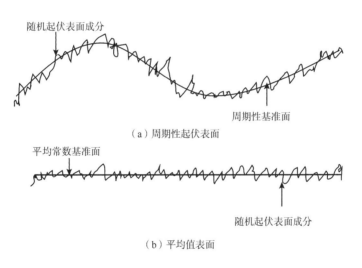

图 3.1　常见的两种随机粗糙表面

一般而言，地表粗糙度与均方根高度呈正相关关系，与相关长度呈负相关关系，即均方根高度越大、相关长度越小，地表越粗糙；反之亦然。以下简单介绍两个参数的基本定义和公式。

1. 均方根高度

假设一表面在 $x-y$ 平面内，其中一点 (x, y) 的高度为 $z(x, y)$，在表面上取统计

意义上有代表性的一块，尺度分别为 L_x 和 L_y，假设这块平面的中心处于原点，则该平面平均高度为

$$\bar{z} = \frac{1}{L_x L_y} \int_{-L_x/2}^{L_x/2} \int_{-L_y/2}^{L_y/2} z(x,y) \, \mathrm{d}x\mathrm{d}y \qquad (3.14)$$

其二阶矩为

$$\overline{z^2} = \frac{1}{L_x L_y} \int_{-L_x/2}^{L_x/2} \int_{-L_y/2}^{L_y/2} z^2(x,y) \, \mathrm{d}x\mathrm{d}y \qquad (3.15)$$

表面均方根高度 s 为

$$s = (\overline{z^2} - \bar{z}^2)^{1/2} \qquad (3.16)$$

对于实际获取的离散数据，表面均方根高度 s 可计算如下：

$$s = \left(\frac{1}{N-1} \left(\sum_{i=1}^{N} (z_i)^2 - N(\bar{z})^2 \right) \right)^{1/2} \qquad (3.17)$$

式中，$\bar{z} = \dfrac{1}{N}\displaystyle\sum_{i=1}^{N} z_i$；$N$ 为样本数目。

2. 表面相关长度

表面相关长度被定义为土壤表面高度变化的自相关系数大于 $1/e$ 时的水平距离 x'，一维表面剖视值 $Z(x)$ 的归一化自相关函数定义为

$$\rho(x') = \frac{\displaystyle\int_{-L_x/2}^{L_x/2} z(x)z(x+x')\mathrm{d}x}{\displaystyle\int_{-L_x/2}^{L_x/2} z(x)^2 \, \mathrm{d}x} \qquad (3.18)$$

它是 x 点的高度 $z(x)$ 与偏离 x 的另一点 z' 的高度 $z(x+x')$ 之间相似性的一种度量，对于离散数据，相距 $x' = (j-1)\cdot x$ 的归一化自相关函数由下式给出（j 为自然数）：

$$\rho(x') = \frac{\displaystyle\sum_{i=1}^{N+1-j} z_i z_{j+i-1}}{\displaystyle\sum_{i=1}^{N} z_i^2} \qquad (3.19)$$

相关函数 $\rho(x') = \dfrac{1}{e}$ 时，间隔 x' 即表面相关长度 l。

自相关函数描述了水平距离上两个点的高度之间的自相关程度。表面相关长度 l 提供了一种估计表面上两点是否相互独立的基准，即如果该两点的水平距离大于 l，那么该两点的高度从统计意义上说是近似独立的。对于光滑表面，面上每一点与其他各点都是相关的，此时相关系数为 1，相关长度 $l = \infty$。

通常情况下，地表粗糙度是通过实地测量来获取的。现有的测量方式有以下几种：针式剖面仪法、剖面板法、激光剖面法和立体摄影测量法（李森，2007）。

针式剖面仪法使用的针式剖面仪通常由金属面板、底座和金属针构成。当把剖面

仪摆放在地表时，将等长度的探针逐一、小心、垂直地插入金属杆上的小孔内，探针的探头部分与地表接触，而探针尾部则在金属面板上刻画出近似连续的地表高度起伏状况图形。

剖面板法所使用的剖面板通常是一个长度为 1 m 或者更长的平板，其上刻有等间距的刻度。用剖面板测量地表粗糙度参数时，将剖面板插入待测地表，然后用相机沿与地表水平的方向拍摄剖面板与地表的交界线，将照片数字化后在此交界线剖面上每隔一定距离取离散的点，随后用离散数据的均方差高度及表面相关长度计算公式计算这两个地表参数。

激光剖面法是利用激光剖面仪直接得到离散的地表样点高度值，从而达到测定地表剖面粗糙度的目的（Bryant et al., 2007）。激光剖面法最高可以分辨 0.8 mm 的地表粗糙，可以对非常粗糙的地表进行观测，但是激光测量仪设备昂贵，不易携带。

立体摄影测量法采用立体摄影法来描述地表的粗糙度特征，在他们的研究中用到了两个数码相机，将相机固定在几米的架子上，测量时利用遥控的方式使相机同时对地表垂直拍照，获取地表的粗糙度状况图像，进行一次测量就可获得较为精准的地表粗糙度参数。

针式剖面仪法和剖面板法属于接触式测量方式，激光剖面法和立体摄影测量法属于非接触式测量技术。通常实际研究过程中建议使用非接触式测量技术，因为非接触式测量技术不会对原有地表粗糙状况造成破坏。

3.3　典型地表土壤水分反演模型

随着不同波段、不同成像模式的 SAR 传感器的发射，利用 SAR 进行地表土壤水分反演受到越来越多的关注。数十年来研究学者开展了许多研究工作来建立相应的土壤水分反演模型，其本质是根据微波后向散射系数与土壤介电常数之间的关系，分离出雷达回波信号中土壤介电常数（土壤水分）的贡献。利用 SAR 图像进行土壤水分反演的模型可以划分为以下三类：几何光学模型（geometrical optical model，GOM）、物理光学模型（physical optical model，POM）、小扰动模型（small perturbation model，SPM）、积分方程模型（integral equation model，IEM）等理论模型（Fung et al., 1992；Chen et al., 1995）；以线性模型、Oh 模型、Dubois 模型为代表的经验模型（Oh et al., 1992；Dubois et al., 1995）；以 Shi 模型、Chen 模型为代表的半经验模型（Shi et al., 1997；Oh, 2004）。

3.3.1　理　论　模　型

理论模型基于电磁散射理论，适用于不同的传感器，同时也考虑了不同地表参数（地表粗糙度）、土壤水分、入射角、极化方式、波长等对于雷达后向散射系数的影响。理论模型主要包括 GOM、POM、SPM 和 IEM。GOM 适用于非常粗糙的表面，POM 适用于中等粗糙的表面，SPM 适用于平滑和具有较小相关长度的表面（Barrett et al., 2009）。

1. GOM

GOM 是基于霍夫散射模型在驻留相位近似下得到的解析解，对于较粗糙的表面来说，即当表面标准化的均方根高度 $k\delta$ 较大时，假设电磁波只能沿着表面有镜面反射点的方向发生散射，GOM 可以表示为

$$\sigma_{pq}^0 = \frac{R_{pq}(0)\exp(-\tan^2\theta/2s^2|\rho''(0)|)}{2s^2|\rho''(0)|\cos^4\theta} \quad (3.20)$$

式中，p 为发射极化方式，q 为接收极化方式，即 V 或 H；$R_{VV}(0)=R_{HH}(0)=\left|\dfrac{\sqrt{\varepsilon}-1}{\sqrt{\varepsilon}+1}\right|^2$ 为

Fresnel 反射系数；$\rho(0)$ 为表面相关函数；ε 为地表介电常数；s 为表面均方根高度；θ 为雷达入射角。

GOM 的适用条件为：$S>\lambda/3$，$l>\lambda$，且 $0.4<m<0.7$，l 为相关长度；λ 为电磁波波长；m 为均方根斜度，$m=s/l$。

2. POM

POM 仅适用于表面均方根高度 $k\delta$ 较大的粗糙表面的散射特性模拟，其表达式忽略了相干散射项，仅包括非相干散射项。实际上地表后向散射既包括相干散射又包括非相干散射。当表面均方根高度较大时，地表散射以非相干散射为主，GOM 能取得较好的效果。当 $k\delta$ 较小时甚至为 0 时，则地表散射完全是相干散射信息。因此，针对表面均方根高度较小的情况，利用采样标量近似法模拟地表后向散射特性，将表面自相关函数在均方根高度为 0 处进行展开分析，表达为展开式中的低阶项，从而构建了物理光学模型，具体表达为以下形式：

$$\sigma_{pq}^0 = k^2\cos^2\theta R_{pq}\theta\exp(-2ks\cos^2\theta)\cdot\sum_{n=1}^{\infty}\frac{(2ks\cos\theta)^{2n}}{n!}W^n(2k\sin\theta,0) \quad (3.21)$$

式中，$R_{VV}(\theta)=\left|\dfrac{\varepsilon\cos\theta-\sqrt{\varepsilon-\sin^2\theta}}{\varepsilon\cos\theta+\sqrt{\varepsilon-\sin^2\theta}}\right|^2$ 是入射角 θ 对应的同极化 Fresnel 反射系数，具体表达式为

$$R_{HH}(\theta)=\left|\frac{\cos\theta-\sqrt{\varepsilon-\sin^2\theta}}{\cos\theta+\sqrt{\varepsilon-\sin^2\theta}}\right|^2 \quad (3.22)$$

$$R_{VV}(\theta)=\left|\frac{\varepsilon\cos\theta-\sqrt{\varepsilon-\sin^2\theta}}{\varepsilon\cos\theta+\sqrt{\varepsilon-\sin^2\theta}}\right|^2 \quad (3.23)$$

$W^n(2k\sin\theta,0)$ 为表面粗糙度第 n 阶功率谱，表面为表面相关函数傅里叶变换的第 n 项表达式。表面相关函数可以定义为指数和高斯相关函数。相关函数取不同形式时，具有不同的功率谱形式：

$$W^n(2k\sin\theta,0)=\begin{cases} \dfrac{l}{n}\exp\left(-\dfrac{(kl\sin\theta)^2}{n}\right) & \text{高斯相关函数} \\[4mm] \dfrac{nl^2}{(n+(2kl\sin\theta)^2)^{1.5}} & \text{指数相关函数} \end{cases} \tag{3.24}$$

POM 的适用条件为：$0.05\lambda<h<0.15\lambda$，$l>\lambda$，$h/l<0.25$。

3. SPM

当表面均方根高度和相关长度都小于波长时，必须采用其他方法对表面散射建模，其中用来研究这种小尺度粗糙度的经典模型就是 SPM。SPM 要求表面标准离差小于电磁波波长的 5%。SPM 的一阶形式表示的是面散射，二阶形式表示的是体散射，大多数自然地表散射占主导，SPM 地表后向散射系数的一阶表达式为

$$\sigma_{pq}^0=8k^4s^2\cos^4\theta\left|\alpha_{pq}\right|^2 W(2k\sin\theta,0) \tag{3.25}$$

式中，α_{pq} 为极化辐射系数。

$$\sigma_{hh}^0=\frac{\varepsilon-1}{(\cos\theta+\sqrt{\varepsilon-\sin^2\theta})^2} \tag{3.26}$$

$$\sigma_{vv}^0=\frac{(\varepsilon-1)(\varepsilon(1+\sin^2\theta)-\sin^2\theta)}{(\cos\theta+\sqrt{\varepsilon-\sin^2\theta})^2} \tag{3.27}$$

$W(2k\sin\theta,0)$ 为表面粗糙度第一阶功率谱，其高斯相关函数和指数相关函数表达式为

$$W(2k\sin\theta,0)=\begin{cases} \dfrac{l^2}{2}\exp[-(kl\sin\theta)^2] & \text{高斯相关函数} \\[4mm] \dfrac{l^2}{2[1+(2kl\sin\theta)^2]^{1.5}} & \text{指数相关函数} \end{cases} \tag{3.28}$$

以上三种模型属于传统的理论模型，它们对地表粗糙度有一定的限制，对于自然界地表散射范围使用较窄，且他们使用的粗糙度范围不连续。在实际地表中，自然地表的粗糙度是连续的，且包括各种尺度的粗糙度，而雷达图像中每个像元后向散射系数都是不同粗糙度地表结果的反映，因此很难直接用于粗糙度连续的自然地表土壤水分反演。

4. IEM

Fung 等统一了以上三种模型，提出了 IEM，该模型能在一个很宽的地表粗糙度范围内实现对地表后向散射的模拟，进行土壤水分反演。IEM 计算雷达后向散射系数考虑的卫星参数包括雷达波长、极化方式、入射角，地表参数包括介电常数、地表高程起伏和相关长度（Fung et al., 1992），建立的方程模型如下：

$$\sigma_{pp}^0 = \frac{k^2}{2}\exp[-2k_z^2 s^2]\sum_{n=1}^{\infty} s^{2n} \mid I_{pp}^n \mid^2 \frac{W^{(n)}(-2k_x, 0)}{n!} \tag{3.29}$$

式中，p 为 H 或 V 极化方式；k 为波数（$k=2\pi/\lambda$）；$k_z=k\cos\theta$；$k_x=k\sin\theta$；θ 为入射角；s 为地表高程均方根高度。

$$I_{pp}^n = (2k_z)^n f_{pp} \exp(-k_z^2 s_z^2) + \frac{k_z^n[F_{pp}(-k_x, 0) + F_{pp}(k_x, 0)]}{2} \tag{3.30}$$

$$f_{hh} = \frac{-2R_h}{\cos\theta} \quad , \quad f_{vv} = \frac{-2R_v}{\cos\theta} \tag{3.31}$$

$$F_{hh} = 2\frac{\sin\theta^2}{\cos\theta}\left[4R_h - \left(1 - \frac{1}{\varepsilon}\right)(1 + R_h)^2\right] \tag{3.32}$$

$$F_{vv} = 2\frac{\sin\theta^2}{\cos\theta}\left[(1 - \frac{\varepsilon\cos\theta^2}{\mu\varepsilon - \sin\theta^2})(1 - R_v)^2 + \left(1 - \frac{1}{\varepsilon}\right)(1 + R_v)^2\right] \tag{3.33}$$

式中，k 为雷达波数；h 为均方根高度；θ 为入射角；ε 为土壤介电常数；μ 为导磁率；f_{pp} 为基尔霍夫系数；F_{pp} 为补偿场系数。

IEM 物理意义明确，适用于不同的雷达参数，模拟地表粗糙度范围与实际地表更接近。但是由理论公式的介绍可以看出，表达式复杂，无法给出土壤水分的具体解析式，难以直接用于土壤水分反演，有时模型模拟结果与实际测量值差别较大。

3.3.2 经验模型

经验模型是将实地测量的土壤含水量与雷达后向散射系数进行线性回归分析，建立两者之间的关系，通常需要进行大量的实验测试才能获取可靠的统计规律。在过去的几十年中发展了许多土壤水分反演经验模型，从最初的线性回归模型到非线性模型，从单一参量回归分析到多元回归分析，利用不同 SAR 数据源在特定的研究区均取得了较好的反演结果，具有代表性的经验模型有线性模型、Oh 模型和 Dubios 模型。

1. 线性模型

线性模型是通过建立实际测量的土壤含水量和雷达后向散射系数的一种线性回归关系来进行土壤水分反演，通常以如下形式表达：

$$\sigma^0 = a(m_v) + b \tag{3.34}$$

式中，σ^0 为雷达后向散射系数；m_v 为土壤体积含水量；a 和 b 为经验常数，取值取决于入射角、极化方式和地表粗糙度等信息。这种线性模型在农田水分反演中得到了应用，能够取得较好的反演精度（Cognard et al.，1995；Quesney et al.，2000）。Cognard 等（1995）将线性模型应用到 ERS 数据 Nazin 流域的土壤水分反演中，结果显示在稀疏植被区域，雷达后向散射系数与测量的土壤含水量呈线性关系。线性模型只考虑了土壤含水量对雷达后向散射系数的影响，没有考虑土壤粗糙度的贡献。

随后研究学者对地表后向散射系数中土壤粗糙度的影响开展研究，将雷达后向散射系数分成两部分，一部分与土壤水分呈线性变化，另一部分与土壤粗糙度呈指数或对数变化，提出了一种如下线性模型：

$$\sigma^0 = a(m_v) + b \cdot \log(kh) + c \tag{3.35}$$

式中，σ^0 为雷达后向散射系数；m_v 为土壤体积含水量；kh 为地表粗糙度；a、b 和 c 为经验常数。

上述两种线性模型只适用于简单的地形，不适用于复杂的地表环境。随后研究者针对不同的地形和应用提出了更加复杂的经验模型，与简单的线性模型相比，这些模型有较高的反演精度，其中有代表性的是 Oh 模型（Oh et al.，1992；Oh，2004）和 Dubios 模型（Dubois et al.，1995）。

2. Oh 模型

Oh 等（1992）对 L、C 和 X 波段不同入射角的雷达数据进行分析，建立了 Oh 模型。该模型建立不同极化方式的后向散射系数 σ^0_{VV}、σ^0_{HH}、σ^0_{HV} 与土壤粗糙度（地表均方根高度 ks、地表相关长度 kl）和土壤介电常数 ε 之间的关系，模型如下：

$$q = \frac{\sigma^0_{HV}}{\sigma^0_{HH}} = 0.23\sqrt{\Gamma_0}[1 - \exp(-ks)] \tag{3.36}$$

$$\sqrt{p} = \sqrt{\frac{\sigma^0_{HH}}{\sigma^0_{VV}}} = 1 - \left(\frac{2\theta}{\pi}\right)^{(1/3\Gamma_0)} \cdot \exp(-ks) \tag{3.37}$$

式中，$\Gamma_0 = \left|\dfrac{1 - \sqrt{\varepsilon_r}}{1 + \sqrt{\varepsilon_r}}\right|^2$ 为法向入射的 Fresnel 反射系数；ε_r 为介电常数；ks 为土壤粗糙度。该模型的适用范围为 0.1<ks<6，2.5<kl<50，0.09<M_v<0.3。该经验模型在较宽的地表粗糙度范围内能够得到较好的结果，但该模型取决于地表观测的经验参数，普适性不强。2004 年 Oh 等对以上模型进行改进，调整了交叉极化和同极化后向散射系数的表达系数，提出了更符合实际地表环境的经验模型（Oh，2004）：

$$\sigma^0_{VH} = 0.11 M_v^{0.7}(\cos\theta)^{2.2}[1 - \exp(-0.32(ks)^{1.8})] \tag{3.38}$$

$$p = \frac{\sigma^0_{HH}}{\sigma^0_{VV}} = 1 - \left(\frac{\theta}{90°}\right)^{0.35 M_v^{-0.65}} \cdot e^{-0.4(ks)^{1.4}} \tag{3.39}$$

$$q = \frac{\sigma^0_{HV}}{\sigma^0_{VV}} = 0.1\left(\frac{s}{l} + \sin(1.3\theta)\right)^{1.2} \cdot [1 - \exp(-0.9(ks)^{0.8})] \tag{3.40}$$

Durso 和 Minacapilli 使用实测数据对 Oh 模型进行校正，校正后的经验模型不需要预先获取土壤粗糙度信息，将校正后的 Oh 模型分别用于 L 波段和 C 波段的 SAR 数据，结果显示 L 波段的 SAR 数据能获得较好的反演结果，而 C 波段的结果则较差（Durso and Minacapilli，2006）。

3. Dubois 模型

Dubois 等（1995）通过分析极化后向散射系数 σ_{vv}^0 和 σ_{hh}^0 与实测地表土壤粗糙度 kh 和土壤介电常数 ε 之间的关系，建立如下经验表达式：

$$\sigma_{hh}^0 = 10^{-2.75} \frac{\cos^{1.5}\theta}{\sin^5\theta} 10^{0.028\varepsilon\tan\theta} (kh\sin^{1.4}\theta)\lambda^{0.7} \tag{3.41}$$

$$\sigma_{vv}^0 = 10^{-2.35} \frac{\cos^3\theta}{\sin\theta} 10^{0.046\varepsilon\tan\theta} (kh\sin^3\theta)^{1.1} \lambda^{0.7} \tag{3.42}$$

式中，σ_{vv}^0、σ_{hh}^0 分别为 HH 和 VV 极化的地表后向散射系数；θ 为入射角；λ 为波长。

Dubois 模型忽略了交叉极化散射信息，使得模型在稀疏植被覆盖区域具有一定的适用性。该模型在入射角大于 30°、NDVI 小于 0.4、体积含水量小于 35%时能取得较好的模拟结果，反演均方根误差优于 4.2%。当 kh＞2.5 时，Dubios 模型适用性较差。

经验模型计算简单，且能够在局部地区取得较好的反演精度。Oh 等（1992）指出相比于理论模型，经验模型的主要优势在于其可以在超出理论模型有效范围的地表状况下进行微波散射特性特征模拟和土壤水分反演，但是存在以下不足：①经验模型需要大量的实测数据，模型的结果精度取决于野外实验数据的测量精度；②经验模型通常建立在特定地点的实验数据基础上，只适用于特定地表粗糙度、入射角和土壤水分范围，在某一个地区建立的经验模型很难适用于其他区域；③经验模型无法考虑地形起伏的影响。

3.3.3　半经验模型

针对理论模型和经验模型的不足，研究学者提出了半经验模型，半经验模型是理论模型和经验模型的一种折中（Baghdadi et al.，2006）。这种模型通过对理论模型模拟的数据进行拟合，得到土壤含水量、土壤粗糙度与后向散射系数的关系。半经验模型主要优势在于不受实验地点约束，同时不用考虑精确的数据集，也减少了理论模型的复杂性（Kseneman and Gleich，2013）。典型的半经验模型有 Chen 模型（Chen et al.，1995）和 Shi 模型（Shi et al.，1997）。

1. Chen 模型

Chen 模型是基于 IEM 建立的半经验模型，该模型假设可以用指数相关方程对地表粗糙度进行描述。使用 IEM 模拟得到的数据，用 HH 和 VV 极化的后向散射系数的比值 $\sigma_{HH}^0 / \sigma_{VV}^0$ 来描述地表后向散射特性，并建立其与地表土壤含水量、地表粗糙度和相关长度的关系：

$$\ln M_v = -0.09544 \times \sigma_{HH}^0 / \sigma_{VV}^0 - 0.00971 \times \theta + 0.029238 \times 10^{-9} f - 1.74578 \tag{3.43}$$

式中，M_v 为体积含水量；θ 为入射角；f 为微波频率。该模型的使用范围为 0.1＜ks＜2，1＜kl＜15，0.1＜M_v＜0.4。该模型形式简单，且在较大的入射角范围和较宽的粗糙度范围内都适用（Chen et al.，1995）。

2. Shi 模型

Shi 模型是基于 IEM 建立的适用于研究 L 波段土壤含水量和地表粗糙度与后向散射系数之间关系的模型，该模型同样适用于建立 HH 极化和 VV 极化方式的后向散射系数与地表土壤含水量和粗糙度之间的关系（Shi et al.，1997）。

$$10\lg\left[\frac{\left|\alpha_{\mathrm{pp}}\right|^2}{\sigma_{\mathrm{pp}}^0}\right] = \alpha_{\mathrm{pp}}\theta + b_{\mathrm{bb}}\theta \cdot 10\lg\left[\frac{1}{s_{\mathrm{r}}}\right] \tag{3.44}$$

$$10\lg\left[\frac{\left|\alpha_{\mathrm{VV}}\right|^2 + \left|\alpha_{\mathrm{HH}}\right|^2}{\sigma_{\mathrm{VV}}^0 + \sigma_{\mathrm{HH}}^0}\right] = \alpha_{\mathrm{VH}}\theta + b_{\mathrm{VH}}\theta \cdot 10\lg\left[\frac{\left|\alpha_{\mathrm{VV}}\alpha_{\mathrm{HH}}\right|}{\sqrt{\sigma_{\mathrm{VV}}^0 \sigma_{\mathrm{HH}}^0}}\right] \tag{3.45}$$

式中，α_{pp} 为极化幅度。

$$\alpha_{\mathrm{HH}} = \frac{\varepsilon_{\mathrm{s}} - 1}{\left(\cos\theta + \sqrt{\varepsilon_{\mathrm{s}} - \sin^2\theta}\right)^2} \tag{3.46}$$

$$\alpha_{\mathrm{VV}} = \frac{(\varepsilon_{\mathrm{s}} - 1)(\sin^2\theta - \varepsilon_{\mathrm{s}}(1 + \sin^2\theta))}{\left(\varepsilon_{\mathrm{s}}\cos\theta + \sqrt{\varepsilon_{\mathrm{s}} - \sin^2\theta}\right)^2} \tag{3.47}$$

式中，S_{r} 为粗糙度谱；ε_{s} 为介电常数；a 和 b 为经验系数。该模型适用范围较广，应用于实际土壤水分反演时精度较高。但是 Shi 模型只适用于 L 波段的数据，对于其他波段数据的适用性则不确定；并且当地表植被覆盖度较高时（NDVI＞0.4），植被对以上建立的经验模型反演土壤水分的精度影响较大（赵东发，2015）。Kseneman 等（2011）对 Shi 模型进行改进，针对 X 波段数据，建立了新的参数并使用最小均方误差（minimum mean square error，MMSE）估计，同时考虑了植被覆盖的影响，结果显示该方法对植被覆盖区域的土壤水分反演精度提高了 15%。

以上介绍了理论模型、经验模型和半经验模型的基本原理，不同的散射模型适用的范围不一样，表 3.2 给出了各模型的适用范围。

表 3.2　各模型的适用范围

类型	模型名称	模型参数适用范围
理论模型	GOM	$s > \lambda/3$，$\lambda < 1$，$0.4 < m < 0.7$
	POM	$0.05\lambda < s < 0.15\lambda$，$\lambda < 1$，$0.4 < m < 0.25$
	SPM	ks＜0.3，kl＜3，$m < 0.3$
经验模型	Oh	$0.1 < \mathrm{ks} < 6$，$2.6 < \mathrm{kl} < 19.7$，$0.09 < M_v < 0.31$
	Dubois	ks＜2.5，$\theta > 30^\circ$，$0.04 < M_v < 0.31$
半经验模型	Chen	$0.1 < \mathrm{ks} < 2$，$1 < \mathrm{kl} < 15$，$0.1 < M_v < 0.4$
	Shi	$0.2 < \mathrm{ks} < 3.6$，$2.5 < \mathrm{kl} < 35$，$0.02 < M_v < 0.5$

随着计算机的发展，近些年有学者提出了通过离散求解麦克斯韦方程组模拟后向散射值的数值模型。Huang 等利用 NMM3D（numerical maxwell model in 3-D simulations）研究后向散射系数、相干反射率和地表辐射系数之间的关系，并利用矩量法模型（method of moments，MOM）求解麦克斯韦方程组的三维数值解，是矩量法模型在模拟高斯随机粗糙土壤表面的后向散射系数的三维应用（Huang et al.，2010）。针对矩量法只适用于小范围均匀表面的情况，Lawrence 等（2011）提出了体网格代替面网格的有限元方法（finite element method，FEM），Rabus 等（2010）提出了时域有限差分模型（finite difference time domain，FDTD），上述两种模型不仅适用于表面不均匀的环境，而且适用于具有多层介质的环境。

以上理论模型、经验模型、半经验模型和数值模型都是针对裸地或稀疏植被覆盖区域发展的，并不能直接应用于有植被覆盖的情况。在植被覆盖地表的条件下，植被层对雷达后向散射系数的贡献明显，影响雷达信号对地表土壤水分的敏感性，增大了土壤水分反演的难度。植被层会吸收和散射到达冠层的微波信号，使得土壤水分和微波信号之间呈现非线性关系。同时，植被类型、行向和间距、郁闭度等也会对雷达的后向散射产生影响，从而使土壤水分与微波信号间的关系更加复杂（李俐等，2015）。

目前消除植被散射影响的方法主要有水-云模型（water-cloud model，WCM）（Attema and Ulaby，1978）和基于辐射传输理论的密歇根微波植被散射模型（Michigan microwave canopy scattering model，MIMICS）（Ulaby et al.，1990）。

MIMICS 是密歇根州立大学的乌拉比教授领导的研究小组于 1990 年提出的模型（Ulaby et al.，1990）。该模型是基于微波辐射传输方程的一阶解建立的，在研究微波植被散射特性的理论模型中应用最为广泛。在模型中，植被覆盖地表主要用三部分来刻画：包含所有枝条和叶片的植被冠层部分，用介电圆柱体表示的植被茎秆部分，用土壤介电特性和随机地表粗糙度表示的植被下垫面的粗糙地表部分（仇成强，2012）。相应的微波后向散射分为三部分：来自植被冠层的直接后向散射，来自下垫面粗糙地表的直接后向散射，以及冠层、茎秆、地表各部分之间相互耦合的后向散射。MIMICS 中植被覆盖地表的雷达后向散射分为 5 部分：①植被冠层直接后向散射；②植被层—下垫面地表和下垫面地表—植被层相互耦合作用的后向散射；③下垫面地表—植被—下垫面地表相互耦合作用的后向散射；④经过植被双层衰减的下垫面地表的直接后向散射；⑤经过植被冠层衰减的树干层—地表和地表—树干层二面角散射。因此，植被覆盖地表微波后向散射系数可表示为

$$\sigma_{pq}^0 = \sigma_{pq1}^0 + \sigma_{pq2}^0 + \sigma_{pq3}^0 + \sigma_{pq4}^0 + \sigma_{pq5}^0 \qquad (3.48)$$

式中，p 和 q 分别为发射和接收极化方式，即 H 或 V；模型各项表示的雷达后向散射机制均为植被参数、下垫面地表参数，以及雷达波长、极化方式、入射角等参数的函数。

MIMICS 的优点是对植被各部分结构的散射都给予了明确表达式，模型用于模拟植被覆盖地表的微波后向散射时效果较好。如果植被各部分的介电常数及几何结构参数已知，则植被各部分引起的不同雷达后向散射成分就可由模型公式计算得到。但是，该模型是以植被覆盖的地表镜面反射为基础，因而其反映的实际自然地表状况比较有限。另

外，MIMICS 是针对高大植被覆盖地表建立的微波辐射传输模型，很难在较为矮小的植被（如小麦、大豆、牧场等）覆盖地表中得到应用。

1978 年 Attema 和 Ulaby 以农作物为研究对象，在辐射传输模型基础上提出了 WCM，用于农作物覆盖地表土壤含水量的估计。为了简化植被覆盖层的散射机制，对 WCM 模型进行了如下假设限定：

$$\sigma^0 = \sigma_{\text{veg}}^0 + \tau^2 \sigma_{\text{soil}}^0 \tag{3.49}$$

$$\sigma_{\text{veg}}^0 = N \cdot V \cdot \cos\theta \cdot (1 - \tau^2) \tag{3.50}$$

$$\tau^2 = \exp(-2 \cdot K \cdot V \cdot \sec\theta) \tag{3.51}$$

式中，σ_{veg}^0 为植被层的后向散射系数；τ^2 为雷达信号穿透植被层的双层衰减因子；σ_{soil}^0 为土层的后向散射系数；θ 为入射角；V 为植被层的含水量；K 和 N 为经验常数，取决于植被类型和入射角。V 作为一个重要的输入参数，通常用植被指数来替代，如 NDVI、NDWI 等。Kasischke 等（2011）研究表明，SAR HV 极化数据对植被生物量较为敏感，可以作为常规 NDVI 的有效替代。雷达植被指数（radar vegetation index，RVI）通常由全极化数据获得（Li and Wang，2018），定义如下：

$$\text{RVI}_{\text{quad}} = \frac{8\sigma_{\text{HV}}^0}{\sigma_{\text{HH}}^0 + \sigma_{\text{VV}}^0 + \sigma_{\text{HV}}^0} \tag{3.52}$$

σ_{HH}^0、σ_{HV}^0、σ_{VV}^0 分别为 HH、HV、VV 极化的后向散射系数，对于双极化 SAR 数据情况，RVI 可以改进为

$$\text{RVI} = \frac{4\sigma_{\text{HV}}^0}{\sigma_{\text{HH}}^0 + \sigma_{\text{HV}}^0} \tag{3.53}$$

WCM 将农作物覆盖地区的雷达后向散射回波信号描述为两部分，即植被层直接反射的回波信号，以及植被双层衰减后地面的反射回波信号，该模型在进行低矮农作物覆盖地区的土壤水分反演时较为实用。该模型将植被散射作为一个均匀一致的散射体，没有考虑多次散射的作用。另外，该模型通常需要获取对应的光学数据作为植被层含水量的输入，对于没有光学数据覆盖的地区的使用有一定的局限性。

地表粗糙度参数（包括地表高程起伏和相关长度）是影响雷达后向散射系数重要的参数之一。在许多应用中，裸露地表的粗糙度对于 X 波段的雷达信号贡献很小，通常不考虑粗糙度的贡献，因为平坦的地表对雷达信号贡献较小（Aubert et al.，2011，2013）。但是在青藏高原地区，地表不平坦且地貌复杂（图 2.6），地表起伏对雷达回波的影响较大，因此需要考虑地表粗糙度的影响。目前消除地表粗糙度的影响的方法主要有两种：①利用粗糙度物理模型，如 GOM 和 SPM 来估计粗糙度的影响，但是理论模型通常很难适用于实际的地表环境，直接使用它们会导致较大的模型误差；②研究学者还考虑利用理论模型模拟的数据结合实际的雷达数据来估计地表粗糙度的影响。Rahman 等（2008）通过结合不同入射角的 SAR 数据和 IEM 模拟数据来估算地表粗糙度的数据，而不需要其他的辅助数据，实验结果验证了该方法的有效性。在青藏高原区域，Van der

Velde 等（2012）采用类似的方法利用 3 景在冬季成像的具有不同的入射角的后向散射系数与 IEM 模拟的后向散射系数，以及最优估计算法估算出青藏高原那曲地区的土壤粗糙度，然后再利用半经验模型反演研究区的土壤水分，取得了较好的反演精度，在高寒湿地和草原的反演精度分别达到了 0.053 和 0.035。但是，上述方法估计的地表粗糙度的值通常偏小，适用于地表规整平坦的地表，但是很难正确反映地表的地形起伏情况（Wang et al.，2016）。如何消除地表粗糙度对土壤水分反演的影响成为需要解决的问题。

3.4　时间序列 SAR 图像土壤水分反演模型

3.4.1　雷达信号模型

为了从雷达后向散射信号中提取土壤水分信息，通常需要建立雷达后向散射系数与土壤水分之间的关系。根据 3.3 节对地表散射特征的分析，发现对于裸露地表，雷达后向散射系数通常可以表示为两个方程的和，其中一个方程表示土壤体积含水量在雷达信号中的成分，另外一个方程描述地表粗糙度对雷达信号的贡献（Ulaby et al.，1986；Zribi and Dechambre，2003；Baghdadi et al.，2008）：

$$\sigma^0(\mathrm{dB})=f(M_v,\theta,\mathrm{pp},\lambda)+g(\mathrm{kh},\theta,\mathrm{pp},\lambda)+c \tag{3.54}$$

式中，M_v 为体积含水量；θ 为入射角；pp 为 SAR 极化方式；kh 为土壤粗糙度；λ 为波长；参数 c 为常数项。

3.4.2　后向散射系数对土壤含水量的响应

首先对不同地物的雷达后向散射系数进行分析，图 3.2 是研究区两种典型地物的后向散射系数的时间序列变化图。对于每类地物，在研究区随机选取了四个采样点。对于每一个采样点，将使用 7×7 大小的窗口计算的平均后向散射系数作为该点的后向散射系数。

可以看到草甸区和荒漠区的时序后向散射系数表现出不同的特征。草甸区的雷达后向散射系数变化最大，表现出明显的季节性变化特征，在夏季可达到–5.6 dB，冬季则为–16.dB。野外实测的地表土壤含水量的结果表明冬季地表的土壤含水量最低（接近于 0），且在整个冬季冻结期都很稳定；夏季土壤含水量较高，最大可达到 0.3。可以看到雷达后向散射系数的变化趋势与土壤含水量变化趋势一致。在荒漠区，雷达后向散射系数没有随着土壤水分的变化而发现显著变化，雷达后向散射系数一直在–15～–12 dB 附近变化，表明荒漠区地表粗糙度在后向散射成分中占主导。

为了定性描述实测土壤含水量与雷达后向散射系数之间的关系，根据野外测量的土壤含水量和雷达后向散射系数，对两者之间的关系进行探讨。通过回归分析得到两者之间的线性关系，如图 3.3 所示。结果显示草甸区的雷达后向散射系数对土壤含水量的敏感度为 22.2 dB/（cm³/cm³），两者之间具有明显的线性关系，这种简单的线性关系在土

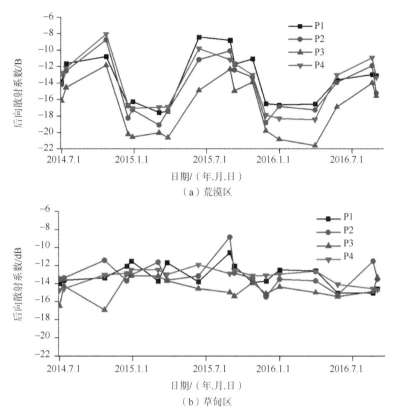

图 3.2　荒漠区和草甸区时间序列后向散射系数

壤含水量 0～0.35 范围内成立。另外，从图 3.3 中可以看到，当土壤含水量为 0 时，对应的雷达后向散射系数为−15.12 dB，可以看作土壤粗糙度对雷达后向散射系数的贡献。荒漠区的雷达后向散射系数对土壤水分的敏感度为 12.1 dB/（cm³/cm³），两者之间没有明显的线性关系。进一步研究可以看到荒漠区的地表后向散射系数对土壤的敏感性没有草甸区强。另外，通过几次野外实测，荒漠区的地表土壤含水量基本都小于 0.2 cm³/cm³。

　　由上述分析可知，两种不同的地表类型具有不同的时序雷达后向散射特征，对土壤水分的敏感度不一致，需要针对不同的地表类型构建不同的土壤含水量反演模型。因此，在反演之前需要对地表覆盖类型进行分类。研究中发现冬季不同入射角的雷达后向散射系数可用于表地貌覆盖分类。针对两种不同的地表类型，在雷达图像中随机进行采样，其中在草甸区选取了 50 个点，在荒漠区选取了 60 个点。对于每个点使用 7×7 大小的窗口计算的平均后向散射系数作为该点的后向散射系数。图 3.4 展示的是研究区不同的地表类型 $\sigma_{max}^0 - \sigma_{min}^0$ 和 $\sigma_{low}^0 - \sigma_{high}^0$ 散点图。在草甸区，时序雷达后向散射系数的极值差变化范围为 8～20 dB；荒漠区的时序雷达后向散射系数的极值差变化范围为 5～13 dB。仅使用 $\sigma_{max}^0 - \sigma_{min}^0$ 无法对两者进行区分。引入大小入射角的雷达后向散射系数信息之后，草甸区可以很明显地与荒漠区进行区分。可以看到绝大部分荒漠区的 $\sigma_{low}^0 - \sigma_{high}^0$ 小于−33 dB，可将其作为阈值用于区分草甸区和荒漠。

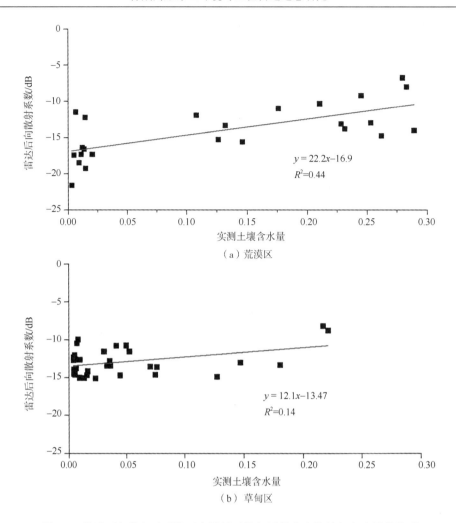

图 3.3　荒漠区和草甸区雷达后向散射系数与测量的土壤体积含水量的关系

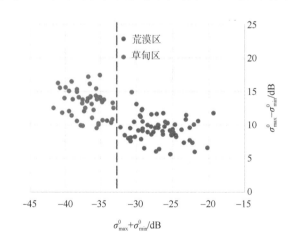

图 3.4　$\sigma_{max}^0 - \sigma_{min}^0$ 和 $\sigma_{low}^0 - \sigma_{high}^0$ 散点图

3.4.3　土壤水分反演模型

在 3.4.2 小节的分析中，研究区两种典型地表类型的地表雷达后向散射系数表现出了不同的时序特征，反映了两种地表类型对于雷达回波作用机制不同。因此，在进行地表土壤水分反演时需要分开考虑。针对两种地貌类型，提出了两种土壤水分反演模型。在草甸区，由于地表 σ^0 对土壤水分的变化更加敏感，提出一种结合后向散射系数极值差比的线性模型。在荒漠区，由于地表 σ^0 中的土壤粗糙度占主导作用，提出一种融合大小入射角的土壤水分反演模型，以去除地表粗糙度对雷达信号的贡献。

1. 草甸区

根据上述对雷达信号对土壤水分的敏感性分析，发现草甸区雷达信号对土壤水分敏感。根据极值原理，对于时间序列 TerraSAR-X 图像中草甸区的任何一点，假设其在雷达后向散射系数最小时土壤含水量最低，在后向散射系数最大时土壤含水量处于饱和状态（Wang et al.，2018）。根据实验区的土壤含水量的最大值和最小值即可计算出每种状态下的土壤含水量。基于以上分析，可以定义雷达信号与土壤含水量之间的关系如下：

$$\text{SM}_v = A \frac{\sigma^0(\theta_{\text{low}}) - \sigma^0_{\min}(\theta_{\text{low}})}{\sigma^0_{\max}(\theta_{\text{low}}) - \sigma^0_{\min}(\theta_{\text{low}})} + B \tag{3.55}$$

式中，SM_v 为土壤体积含水量（cm^3/cm^3）；$\sigma^0_{\max}(\theta_{\text{low}})$ 和 $\sigma^0_{\min}(\theta_{\text{low}})$ 为时间序列上的最大和最小后向散射系数；θ 为雷达入射角，研究中使用了两种入射角成像数据。在模型中，第一项控制着土壤含水量的最大值和最小值。$\sigma^0_{\min}(\theta_{\text{low}})$ 可以看作地表粗糙度对雷达信号的贡献，模型中的相减操作相当于将土壤粗糙度的贡献去除。为了控制土壤含水量的变化速率，将冬季的小入射角和大入射角的后向散射系数应用于模型中。那么模型可以改写为

$$\text{SM}_v = A'\exp[0.01 \cdot (\sigma^0(\theta_{\text{low}}) + \sigma^0(\theta_{\text{high}}))] \frac{\sigma^0(\theta_{\text{low}}) - \sigma^0_{\min}(\theta_{\text{low}})}{\sigma^0_{\max}(\theta_{\text{low}}) - \sigma^0_{\min}(\theta_{\text{low}})} + B \tag{3.56}$$

2. 荒漠区

在 3.4.2 小节的分析中，发现荒漠区的地表时序雷达后向散射系数没有表现出季节性变化，即土壤含水量对雷达信号的贡献不明显。因此式（3.56）不能用于荒漠区地表土壤含水量的估计。在高寒荒漠地区，地表粗糙度在雷达信号中起主要作用，因此准确地估计地表土壤含水量需要去除地表粗糙度的影响。多项研究发现，不同入射角的 SAR 图像可用于模拟表面粗糙度的影响（Zribi and Dechambre，2003；Baghdadi et al.，2006；Srivastava et al.，2003）。假设土壤粗糙度没有变化，而且雷达后向散射系数 σ^0 的变化是由土壤含水量的变化引起的，本书利用不同入射角冬季获得的 SAR 影像，消除高寒荒漠地区土壤粗糙度的影响。

地表粗糙度和雷达后向散射信号可以写成指数或对数的形式（Oh et al.，1992；Aubert et al.，2011）；考虑到荒漠区的雷达信息对土壤含水量和地表粗糙度的敏感性，荒漠区

的土壤水分反演模型可以写成：

$$SM_v = a_1\sigma^0(\theta_{low}) + a_2\exp(\sigma^0(\theta_{low}) + \sigma^0(\theta_{high}))+a_3 \qquad (3.57)$$

式中，SM_v 为土壤体积含水量（cm^3/cm^3）；$\sigma^0(\theta_{low})$和$\sigma^0(\theta_{high})$分别为研究区冬季小入射角和大入射角成像的两幅影像；a_1、a_2和a_3为未知的经验模型参数。

通过野外实地调查，整个研究区地表在饱和与干涸时土壤含水量达到最大和最小，即 0.4 cm^3/cm^3 和 0.03 cm^3/cm^3。结合时间序列雷达后向散射系数的最大值和最小值，即可求出式（3.54）和式（3.55）中的未知系数。求出系数以后，对于任何一幅定标后的 TerraSAR-X 图像，都可以根据式（3.54）和式（3.55）估算出对应的地表土壤含水量，反演土壤水分的技术流程见图 3.5。需要指出，在该模型应用中没有考虑植被对土壤含水量的影响，主要基于以下两个方面：①前人的研究表明，高原地区植被对 SAR 土壤水分反演的影响很小，可以忽略（Van der Velde and Su，2009）；②在该研究区域，高原草甸区域的植被紧贴地面生长，植被高度较小，雷达信号可以穿透草甸植被。

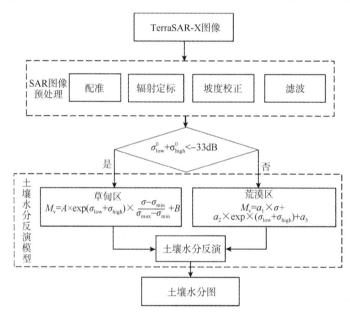

图 3.5　研究区土壤水分反演算法流程图

3.5　SAR 数据和野外测量数据预处理

3.5.1　SAR 数据预处理

在本章中，获取了 22 景 TerraSAR-X ST 模式的数据用于青藏高原北麓河地区土壤水分反演。SAR 的覆盖范围为 $3\times7.5\ km^2$。SAR 数据的时间覆盖范围为 2014 年 6 月至 2016 年 8 月，包含冻土完整的夏季融化和冬季冻胀过程。SAR 数据集中有大入射角（42.299°）和小入射角（25.429°）两种，其中有 18 景小入射角的 SAR 数据、4 景大入射角的 SAR 数据，具体参数见表 2.1。

1. 配准

进行土壤水分反演之前需要对时序 SAR 图像进行配准，SAR 数据集中包含小入射角 SAR 图像和大入射角 SAR 图像。对于小入射角 SAR 图像集，以 2014 年 12 月 20 日的图像为主图像，使用相关系数法自动进行配准。由于入射角的差异，大入射角 SAR 图像与小入射角 SAR 图像差异较大[图 3.6（a）和图 3.6（b）]，不能使用相关系数法进行配准。使用同名点手动配准的方法将 4 景大入射角图像与小入射角主图像进行配准。图 3.5（c）是大入射角配准后的效果，配准误差在两个像素以内。

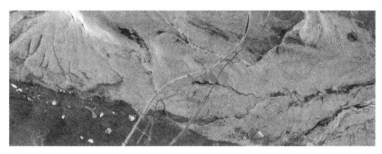

（a）参考图像（2014年12月20日）

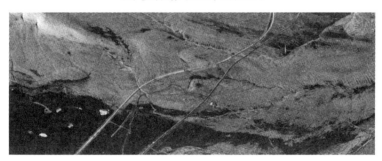

（b）大入射角图像（2015年1月9日）

（c）配准后的大入射角图像

图 3.6

2. 辐射定标

在雷达定量反演中，通常使用的是雷达后向散射系数。通常用户拿到的 SAR 图像只记录了图像的原始信息（包括实部、虚部等），相关的定标参数需要从头文件中得到。本研究中使用 SIGMA 参数校正，通过计算每个像元距离向和方位向的入射角，利用如下公式将 SAR 图像原始数据转换成雷达后向散射系数（Aubert et al.，2011）：

$$\sigma^0(dB)=10 \cdot \lg[(S \cdot DN^2 - NEBN) \cdot \sin\theta] \tag{3.58}$$

式中，S 为定标常数；θ 为入射角；NEBN 为系统噪声。上述参数可在数据头文件中获取。通过上述公式可以将每个像素的 DN 值转换成后向散射系数，所有的 SAR 图像通过如上公式进行辐射定标。

在提取后向散射系数之前，先将一些影响因素去除。由于 SAR 卫星数据成像系统的基本原理是由相干成像原理发展而来的，雷达影像普遍存在斑点噪声的问题。卫星侧视拍摄而得到的数据所具有的性质不仅会对结果造成较大的影响，如几何形变等，还会改变地表散射特性，最终造成接收到的后向散射产生较大畸变（赵东发，2015）。因此，要获得一个符合实际情况的后向散射系数，还需要对影像进行相关的处理，包括滤波处理和地形校正。

3. 滤波处理

由于雷达发射电磁波是纯相干波，当电磁波照射目标时，目标的随机散射信号与发射信号相互作用产生斑点噪声，使得 SAR 图像的精细结构模糊，图像解译能力降低。斑点噪声广泛存在于 SAR 图像中，随着目标平均后向散射强度的增大而增大，表现出乘性噪声的特性。基于 SAR 图像的地表参数定量反演中，斑噪的存在使得高精度的参数反演变得困难。如何抑制斑噪是 SAR 图像定量反演的一个重要预处理过程。处理斑噪的方法一般分为两种：多视处理和滤波处理。多视处理是以牺牲图像分辨率来提高图像的信噪比。滤波处理是使用一定的滤波器来抑制斑噪，同时尽可能保留原始图像的空间纹理信息。

目前常用的斑噪滤波器有平均法、中值法、Frost 方法、Local Region 方法、Lee 方法、增强 Lee 方法。在本章中，采用 7×7 窗口的增强 Lee 滤波方法对每幅定标后的 SAR 图像进行滤波处理。图 3.7 是使用增强 Lee 滤波得到的结果，可以看到使用增强 Lee 滤波，图像的信噪比提高了，较好地抑制同质区域的噪声，图像的可读性更强，边缘信息得到保留。

3.5.2　野外测量数据预处理

研究团队在雷达成像时刻或附近在研究区进行了四次土壤水分野外测量。测量时间分别为 2015 年 8 月、2016 年 3 月、2016 年 7 月和 2016 年 8 月。野外测量点的地理位置和测量值大小请参考 2.4 节的内容。

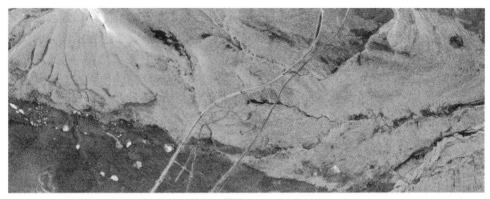

（a）原始SAR图像（2014年12月20日）

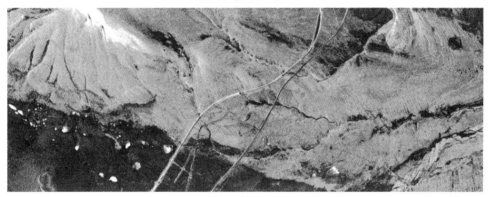

（b）滤波后SAR图像

图 3.7　滤波结果

3.6　土壤水分反演及时空特征分析

3.6.1　北麓河地区时序土壤水分反演

对 22 幅 SAR 图像进行辐射定标、地形纠正、斑噪滤波后，将大小入射角的 SAR 图像进行配准，然后通过 3.3 节中提出的时间序列土壤水分模型即可估算出研究区的时序土壤水分。计算估算量与实测土壤水分之间的均方根误差（RMSE）和平均偏移量（Bias）来进行精度评价：

$$\text{RMSE} = \sqrt{\frac{1}{N}\sum_{i=1}^{N}(P_i - O_i)^2} \tag{3.59}$$

$$\text{Bias} = \frac{1}{N}\sum_{i=1}^{N}(P_i - O_i) \tag{3.60}$$

式中，P 为估算值；O 为测量值；N 为数据点数量。

首先，使用研究区冬季小入射角成像（2014 年 12 月 13 日）和大入射角成像（2015

年 1 月 9 日）的两幅 SAR 影像将研究区分为草甸区和荒漠区，然后计算定标后时序雷达后向散射系数极值（$\sigma_{max}^0 - \sigma_{min}^0$），研究区土壤含水量极值 0.4 cm³/cm³ 和 0.03 cm³/cm³ 作为输入，从而对式（3.54）和式（3.55）进行求解，得到反演模型的经验常数。

　　图 3.8 是根据模型估算得到的 2015 年 8 月 12 日和 2016 年 7 月 29 日的土壤水分。从估算的 2015 年 8 月 12 日的土壤水分图中可以看到，图中左下方的草甸区域和靠近水域的区域的土壤水分含量很高，超过了 0.3 cm³/cm³，甚至达到了饱和；其他区域的土壤水分含量也较高，这是由于成像之前实验区降雨导致的。在估算的 2016 年 7 月 29 日的土壤水分含量图中，同样是草甸区的水分含量最高，达到了 0.3 cm³/cm³。而在其他区域，如图中左上角的坡脚和右侧的荒漠处，土壤水分含量则较低，约为 0.1 cm³/cm³，估算的结果与野外调查的结果吻合。

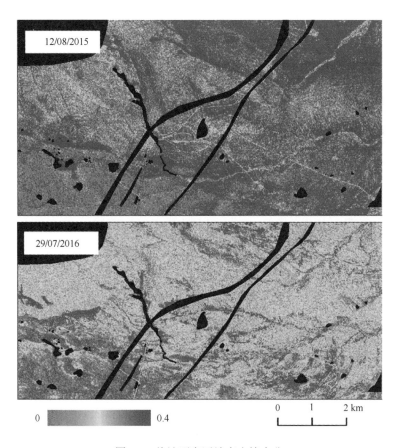

图 3.8　估计研究区地表土壤水分

　　使用 2016 年 7 月 29 日和 8 月 9 日采集的 34 个土壤水分实测数据对反演的土壤水分含量的精度进行评价，对比如图 3.9 所示。从图中可以看到，反演得到的地表土壤含水量与实测值之间具有较好的相关性，相关系数为 R^2=0.6557，均方根误差为 0.062，标准偏差为 0.047，表明建立的时间序列土壤水分反演模型能够满足研究区土壤水分反演的要求。另外，估算的土壤水分的空间分布也可以说明提出的算法的有效性。

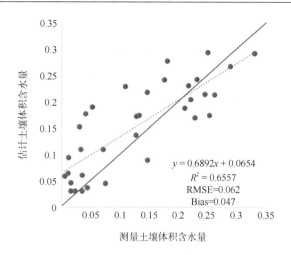

图 3.9　估计土壤水分和测量土壤水分散点图

在估计和实测土壤水分的散点图中可以看到，在一些高含水量（0.2～0.3 cm^3/cm^3）的点存在估计值偏小的问题。通过分析发现，这些点大多数位于草甸区。这误差可能是地下土壤水分垂直递减导致的（Van der Velde et al.，2012）。通常地表比较干燥，地下仍然保持较高的含水量。野外测量的是 5～10 cm 深度的土壤水分，而雷达信号反演的是地表土壤水分信息，这种差异导致两者之间存在相应的误差。

3.6.2　北麓河地区土壤水分时空特征分析

图 3.10 是使用本章中提出的时间序列方法估算得到的研究区的时间序列土壤水分，可以看出研究区的土壤水分变化表现出了明显的季节性，冻土融化季节冻土中水分子融化，土壤水分含量升高，而在冻胀期冻土中水分子冻结地表土壤水分含量低。5 月初，研究区气温开始升高，地下冻土开始融化，冻土中的水分子由固态变为液态，研究区的土壤水分含量开始上升，特别是草甸区，土壤含水量最高达到了 0.3。高原草甸可滞留大量固态降水和液态降水，因此整个夏季研究区的草甸区土壤水分含量较高且保持稳定。而在实验区东部的荒漠区，地表被碎石和砂石覆盖，土壤的孔隙很大，含水能力较差，因此在整个夏季，地表含水量较低，在 0.1 附近变化。2015 年 8 月 12 日研究区东部的土壤水分含量较高，是因为在图像成像期间研究区有降雨，但是低于草甸区的土壤含水量。另外，可以看到，研究区水域附近的土壤水分含量也较高，这是因为这些区域是地下水穿过的区域，夏季冻土中冰融化，活动层中液态水含量增多，河流附近的土壤含水量增加。从 10 月底开始，由于受到气温下降和干燥季风的影响，土壤中水分子慢慢开始冻结，研究区的地表土壤水分含量开始下降。研究区的冻结状态从 10 月底一直要持续到第二年 4 月底，此期间研究区的土壤水分含量很小，接近 0。另外，对比 2015 年夏季研究区的地表含水量，可以发现 2016 年夏季研究区的地表含水量较小。气温、风和降水量等自然因素可能是导致 2016 年夏季研究区地表含水量变少的原因，同时也与 SAR 图像的成像时间有直接关系。

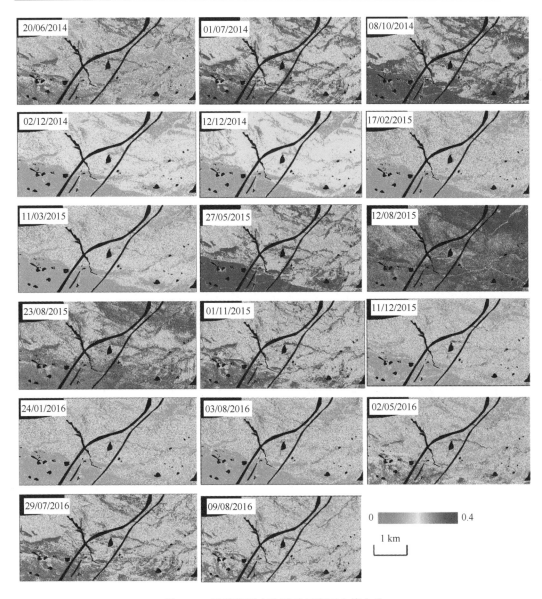

图 3.10　反演得到实验区时间序列土壤水分

黑色区域为无效区域（水域、铁路和公路）

图 3.11 是在北麓河气象站附近估计和测量的土壤水分含量序列图，气象站位于荒漠区，地表被砂石覆盖，可以看到估计的土壤水分和测量的土壤水分具有相似的变化趋势。估计的气象站地表土壤水分含量变化范围为 0.05~0.15 cm³/cm³，气象站监测的土壤水分含量变化范围为 0.1~0.2 cm³/cm³，但是两者仍然存在一定的差异性。例如，2014 年 11 月~2015 年 3 月，测量的地表水分稳定在 0.1，而估计值则表现出一定的波动。从整体上看，在气象站附近估计的土壤含水量比监测值偏小，原因可能是一方面土壤水分监测仪测量的是地表 10 cm 以下的土壤含水量，而 SAR 数据反演的是地表土壤含水量，这导致两者之间存在差异。

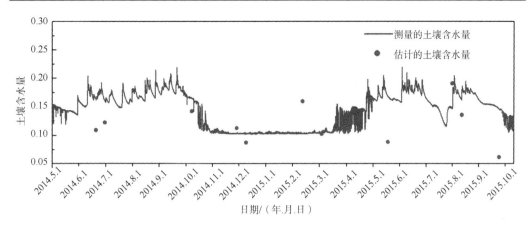

图 3.11　在北麓河气象站估计和测量的土壤水分含量序列

图 3.12 是不同地物类型土壤水分的时序变化图，可以看到，不同地物的时序变化图表现出很大的差异性。草甸区夏季地表土壤含水量在 0.2 cm³/cm³ 附近，降水会使其含水量短时增加，冬季土壤水含量在 0.05 cm³/cm³ 附近，与野外测量值相符。荒漠区和坡积物区域，夏季含水量在 0.1 cm³/cm³ 左右，冬季也在 0.05 cm³/cm³ 附近变化。草甸区、荒漠区和坡积物区域的土壤水含量的变化都表现出夏高冬低的季节性，其中尤以草甸区含水量季节性变化最明显。

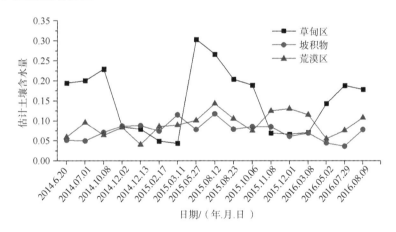

图 3.12　估计的不同地物类型时序土壤水分含量

对比估计值和测量值的结果，显示提出的方法能够适用于研究区的地表土壤水分反演。但是图 3.9 中仍然存在许多具有很大误差的点。导致这些误差点存在的原因有很多，如该模型中没有考虑植被的影响，假设观测期间地表土壤粗糙度不变。另外，也没有考虑数据处理的误差。因此在本小节中，对可能导致误差的因素进行讨论。

1. 土壤粗糙度的影响

在本节中，假设在整个观测期间地表粗糙度保持不变。这种假设可能不一定一直成立。首先，研究区冻土的冻融作用会改变地表的状态，进而导致地表粗糙度变化；其次，在夏季，降水也同样会导致土壤粗糙度变化，不过这种变化比较小；最后，高原地区的季风也会导致地表粗糙度变化，冬季地表处于干燥状态，强风会导致地表砂石位移，进而改变地表粗糙度。

反演土壤水分过程中的关键步骤之一是要估算地表粗糙度对雷达信号的贡献。该研究区地表地形复杂，很难用常规的模型对其进行描述，也应用了类似于文献（Van der Velde et al.，2012）中的方法来估算地表粗糙度，但是得到的地表粗糙度偏小，很难描述研究区的地表状况（Wang et al.，2016）。野外实验观察发现，该研究区的地表不平坦，局部起伏坑洼很大（图 3.13），已经超过了理论模型的适用范围。另外，用野外测量的方法测量图像中每个像素点的 H_{rms} 和 L_c 是不可能的，也是不现实的。因此，通过分析几个参量对该研究区粗糙度的敏感性，使用参量 $\exp(\sigma^0_{low}+\sigma^0_{high})$ 来表示地表粗糙度对雷达信号的贡献，这种近似可能会引入相关的误差。在今后的研究工作中会考虑使用高精度 DEM 提取微地貌来分析高原地区地表粗糙度对于雷达信号的影响。

（a）高寒草甸　　　　　　　　　　　　　　　　（b）高寒荒漠

图 3.13　研究区地表类型

在估计的时序土壤水分结果图中（图 3.6），发现部分荒漠区的土壤水分估计值达到了 0.15 cm³/cm³，比野外测量值大。通过分析，两种原因有可能导致荒漠区的土壤水分估计：①土壤粗糙度的影响没有完全去除，粗糙度对雷达后向散射系数的贡献被当成土壤水分的贡献；②在反演过程中，统一假设整个区域的土壤水分最大值为 0.4 cm³/cm³。但是荒漠区的土壤水分极大值可能小于 0.4 cm³/cm³，进而导致荒漠区土壤水分过估计。

2. 植被的影响

土壤水分的反演除了地表粗糙度的影响以外，通常也需要考虑植被的影响。在该研究区中，大部分区域是裸土或稀疏植被区域，因此在建立的模型中没有考虑植被的影响。图 3.14 是根据高分一号光学数据计算得到的研究区 2016 年 7 月的 NDVI 图，可以看到，夏季草甸区的 NDVI 小于 0.3，其他地方则小于 0。因此，可以认为研究区的植被对于雷达信息的影响较小，可以忽略。

图 3.14　研究区 2016 年 7 月 11 日的 NDVI 图

3. 雷达数据处理产生的误差

由于 SAR 图像本身存在相干斑的影响，即使采用滤波方法也很难去除斑噪的影响。另外，在进行大小入射角的配准过程中，由于大小入射角图像之间的畸变较大，难免会产生配准误差，进而影响反演的精度。

3.7　本 章 小 结

本章着重研究基于高分辨率 SAR 图像的青藏高原冻土区地表土壤水分反演，针对青藏高原复杂的地表环境，结合不同入射角的时序 SAR 图像对地表土壤水分开展研究。

（1）针对不同的地貌覆盖类型提出了相应的土壤含水量模型。针对草甸区提出一种结合后向散射系数极值差比的线性模型；针对荒漠区提出了结合大小入射角的时间序列土壤水分反演的经验模型，该模型利用土壤水分完全干燥状态和饱和状态两个极端情况，对土壤水分的变化范围进行限定，建立土壤水分与雷达后向散射系数之间的关系。同时重点考虑了地表粗糙度对雷达信号的影响，利用冬季小入射角和大入射角的雷达后向散射系数的指数来表示地表粗糙度对雷达散射信号中的贡献成分，解决了高分辨率 SAR 图像在青藏高原土壤水分反演中地表环境影响的问题。

（2）本章采用 22 景 TerraSAR-X ST 模式的数据，利用提出的时间序列土壤水分反演模型估算得到了北麓河研究区 2014～2016 年的土壤含水量。实验结果表明，研究区的土壤水分变化表现出明显的季节性，冻土融化季节土壤水分含量较高，冻土冻胀期地表土壤水分含量低。采用实测数据对实验结果进行验证，RMSE 和 Bias 分别为 6.2% 和 4.7%，满足研究区土壤水分反演的精度需求。

参 考 文 献

白晓静. 2017. 基于多波段多极化 SAR 数据的草原地表土壤水分反演方法研究. 成都: 电子科技大学博士学位论文.

李俐, 王荻, 王鹏新, 等. 2015. 合成孔径雷达土壤水分反演研究进展. 资源科学, 37(10): 1929-1940.

李森. 2007. 基于 IEM 的多波段、多极化 SAR 土壤水分反演算法研究. 北京: 中国农业科学院博士学位论文.

仇成强. 2012. 基于 SAR 图像的土壤含水量反演方法研究. 成都: 电子科技大学硕士学位论文.

谢凯鑫, 张婷婷, 邵芸, 等. 2016. 基于 Radarsat-2 全极化数据的高原牧草覆盖地表土壤水分反演. 遥感技术与应用, 31(1): 134-142.

余凡, 赵英时. 2010. 合成孔径雷达反演裸露地表土壤水分的新方法. 武汉大学学报(信息科学版), 35(3): 318-321.

张正加. 2017. 高分辨率 SAR 数据青藏高原冻土环境与工程应用研究. 北京: 中国科学院大学(中国科学院遥感与数字地球研究所)博士学位论文.

赵东发. 2015. 基于 IEM 模型的双极化 TerraSAR 数据反演土壤水分——以大柳塔矿为例. 北京: 中国矿业大学硕士学位论文.

曾江源. 2015. 青藏高原地区被动微波土壤水分反演研究. 北京: 中国科学院遥感与数字地球研究所博士学位论文.

Attema E P W, Ulaby F T. 2016. Vegetation modeled as a water cloud. Radio Science, 13(2): 357-364.

Aubert M, Baghdadi N, Zribi M, et al. 2013. Toward an operational bare soil moisture mapping using TerraSAR-X data acquired over agricultural areas. IEEE Journal of Selected Topics in Applied Earth Observations and Remote Sensing, 6(2): 900-916.

Aubert M, Baghdadi N, Zribi M, et al. 2011. Analysis of TerraSAR-X data sensitivity to bare soil moisture, roughness, composition and soil crust. Remote Sensing of Environment, 115(8): 1801-1810.

Baghdadi N, Camus P, Beaugendre N, et al. 2011. Estimating surface soil moisture from TerraSAR-X data over two small catchments in the Sahelian Part of Western Niger . Remote Sensing, 3(6): 1266-1283.

Baghdadi N, Cerdan O, Zribi M, et al. 2008. Operational performance of current synthetic aperture radar sensors in mapping soil surface characteristics in agricultural environments: application to hydrological and erosion modelling. Hydrological Processes, 22(1): 9-20.

Baghdadi N, Holah N, Zrib M. 2006. Soil moisture estimation using multi-incidence and multi-polarization ASAR data. International Journal of Remote Sensing, 27(10): 1907-1920.

Barrett B W, Dwyer E, Whelan P. 2009. Soil moisture retrieval from active spaceborne microwave observations: An evaluation of current techniques. Remote Sensing, 1(3): 210-242.

Chen K S, Yen S K, Huang W P. 1995. A simple model for retrieving bare soil moisture from radar-scattering coefficients. Remote Sensing of Environment, 54(2): 121-126.

Cognard A L, Loumagne C, Normand M, et al. 1995. Evaluation of the ERS-1synthetic aperture radar capacity to estimate surface soil moisture: Two-year results over the Naizin watershed. Water Resources Research, 31(4): 975-982.

Dobson M, Ulaby F, Hallikainen M, et al. 1985. Microwave dielectric behavior of wet soil-part II: Dielectric mixing models. IEEE Transactions on Geoscience & Remote Sensing, GE-23(1): 35-46.

Dubois P C, Van Zyl J, Engman T. 1995. Measuring soil moisture with imaging radars. IEEE Transactions on Geoscience and Remote Sensing, 33(4): 915-926.

Durso G, Minacapilli M. 1995. A semi-empirical approach for surface soil water content estimation from radar data without a-priori information on surface roughness. Journal of Hydrology, 321: 297-310.

Fung A K, Li Z, Chen K S. 1992. Backscattering from a randomly rough dielectric surface. IEEE Transactions on Geoscience and Remote Sensing, 30(2): 356-369.

Kasischke ES, Tanase MA, Bourgeau-Chavez LL, Borr M. 2011. Soil moisture limitations on monitoring boreal forest regrowth using spaceborne L-band SAR data. Remote Sensing of Environment, 115, 227-232.

Kseneman M, Gleich D, Cucej, Ž. 2011. Soil moisture estimation using high-resolution spotlight TerraSAR-X data. IEEE Geoscience and Remote Sensing Letters, 8(4): 686-690.

Kseneman M, Gleich D. 2013. Soil-moisture estimation from X-band data using Tikhonov regularization and neural net. IEEE Transactions on Geoscience and Remote Sensing, 51(7): 3885-3898.

Lawrence H, Demontoux F, Wigneron J P, et al. 2011. Evaluation of a numerical modeling approach based on the finite-element method for calculating the rough surface scattering and emission of a soil layer. IEEE Geoscience and Remote Sensing Letters, 8(5): 953-957.

Li J H, Wang S S. 2018. Using SAR-derived vegetation descriptors in a water cloud model to improve soil moisture retrieval. Remote Sensing 10. 9: 1370-1373.

Lucas R, Armston J, Fairfax R, et al. 2010. An evaluation of the ALOS PALSAR L-band backscatter—Above ground biomass relationship Queensland, Australia: Impacts of surface moisture condition and vegetation structure. IEEE Journal of Selected Topics in Applied Earth Observations and Remote Sensing, 3(4): 576-593.

Oh Y, Sarabandi K, Ulaby F T. 1992. An empirical model and an inversion technique for radar scattering from bare soil surfaces. IEEE transactions on Geoscience and Remote Sensing, 30(2): 370-381.

Oh Y. 2004. Quantitative retrieval of soil moisture content and surface roughness from multipolarized radar observations of bare soil surfaces. IEEE Transactions on Geoscience and Remote Sensing, 42(3): 596-601.

Quesney A, Le Hégarat-Mascle S, Taconet O, et al. 2000. Estimation of watershed soil moisture index from ERS/SAR data. Remote sensing of environment, 72(3): 290-303.

Rabus B, Wehn H, Nolan M. 2010. The importance of soil moisture and soil structure for InSAR phase and backscatter, as determined by FDTD modeling. IEEE Transactions on Geoscience and Remote Sensing, 48(5): 2421-2429.

Rahman M M, Moran M S, Thoma D P, et al. 2008. Mapping surface roughness and soil moisture using multi-angle radar imagery without ancillary data. Remote Sensing of Environment, 112(2): 391-402.

Satalino G, Mattia F, Davidson M W, et al. 2002. On current limits of soil moisture retrieval from ERS-SAR data. IEEE Transactions on Geoscience and Remote Sensing, 40(11): 2438-2447.

Shi J, Wang J, Hsu A Y, et al. 1997. Estimation of bare surface soil moisture and surface roughness parameter using L-band SAR image data. IEEE Transactions on Geoscience and Remote Sensing, 35(5): 1254-1266.

Srivastava H S, Patel P, Manchanda M L, et al. 2003. Use of multiincidence angle RADARSAT-1 SAR data to incorporate the effect of surface roughness in soil moisture estimation. IEEE Transactions on

Geoscience and Remote Sensing, 41(7): 1638-1640.

Tang W. 2015. Monitoring soil moisture and freeze/thaw state using C-band imaging radar. University of Waterloo.

Ulaby F T, Kouyate F, Brisco B, et al. 1986. Textural infornation in SAR images. IEEE Transactions on Geoscience and Remote Sensing, (2): 235-245.

Ulaby F T, Sarabandi K, Mcdonald K, et al. 1990. Michigan microwave canopy scattering model. International Journal of Remote Sensing, 11(7): 1223-1253.

Van der Velde R, Su Z, van Oevelen P, et al. 2012. Soil moisture mapping over the central part of the Tibetan Plateau using a series of ASAR WS images. Remote Sensing of Environment, 120: 175-187.

Van der Velde R, Su Z. 2009. Dynamics in land-surface conditions on the Tibetan Plateau observed by Advanced Synthetic Aperture Radar(ASAR). Hydrological Sciences Journal, 54(6): 1079-1093.

Velde R V D, Su Z, Wen J. 2014. Roughness determination from multi-angular ASAR Wide Swath mode observations for soil moisture retrieval over the Tibetan Plateau. EUSAR 2014.

Wang C, Zhang H, Wu Q, et al. 2016. Monitoring permafrost soil moisture with multi-temporal TERRASAR-X data in northern Tibet. In Pro. of IGARSS'2016, China, pp. 3039-3042.

Wang C, Zhang Z, Paloscia S, et al. 2018. Permafrost soil moisture monitoring using multi-temporal TerraSAR-X Data in Beiluhe of Northern Tibet, China. Remote Sensing, 10(10): 1577.

Zribi M, Dechambre M. 2003. A new empirical model to retrieve soil moisture and roughness from C-band radar data. Remote Sensing of Environment, 84(1): 42-52.

第4章 高分辨率 SAR 青藏高原
活动层厚度反演

本章开展青藏高原多年冻土区的活动层厚度反演工作，根据 InSAR 技术反演的研究区季节性形变，提出一种活动层厚度反演模型。首先，针对研究区的土壤类型和地貌类型，利用 SAR 图像的幅度信息将研究区的地貌类型大致分为两大类：草甸区和荒漠区；然后根据草甸区和荒漠区实测的地下土壤水分含量数据，对不同地貌类型覆盖下的土壤含水量进行分析，并建立相应的模型；最后结合 InSAR 技术反演的季节性形变构建活动层厚度反演模型，并用实测数据对反演结果进行验证。本章的内容主要取材于前期 Wang 等（2018）的研究工作。

4.1 引　　言

青藏高原是全球气候变化的调节器，受大气环流和高原地势的综合作用，形成了独特的高原气候环境。我国高海拔多年冻土的分布面积达 $173.2 \times 10^4 \ km^2$，占北半球高海拔多年冻土面积的 74.5%，居世界之最（程国栋，1984）。在全球气候变暖的背景下，青藏高原地区气候逐渐变暖，多年冻土范围在不断缩小，多年冻土区面临严重的冻土退化问题，包括地温上升、活动层厚度增加、多年冻土上限值增大、多年冻土厚度减小等。在过去的几十年里，青藏高原多年冻土地温显著上升，20 世纪 70～90 年代多年冻土平均地温升高了 0.3～0.5 ℃，近 10 年来随着人类活动的增多，特别是冻土工程的修建，多年冻土上限附近地温每年以 0.06 ℃的速度升高（Zhao et al., 2010；吴青柏和牛富俊，2013）。在过去 30 年，青藏高原多年冻土总面积约减少了 $10 \times 10^4 \ km^2$，多年冻土下界升高了 40～80 m，活动层厚度也在以每年 7.5 cm 的速度增加（王绍令，1997；Cheng and Wu, 2007）。焦世晖等（2016）的研究表明，青藏高原冻土区在地温升高 1.8 ℃的情况下，多年冻土总面积是现在的 83.4%；在平均温度升高 4 ℃的情况下，多年冻土总面积是现在的 73%，如图 4.1 所示。我国青藏高原冻土保护形势严峻（姚檀栋等，2017），开展青藏高原多年冻土区冻土活动层厚度估计研究，实现冻土形变和活动层厚度的动态监测，对于冻土保护、冻胀灾害机理分析和寒区建设具有重要意义。

冻土退化会引起一系列自然灾害和环境问题，如多年冻土中储藏的碳水化合物会随着冻土融化逐步释放到大气中，进一步加剧了全球气候变暖。这些冻土退化问题和环境气候问题不仅对局部和全球气候产生巨大影响，也对寒区的生态安全、气候环境、碳水循环平衡以及冻土工程的安全稳定性等产生巨大影响（吴青柏等，2002；杨建平等，2013；朱林楠等，1995）。在多年冻土区，通常把每年冬季冻结、夏季融化的接近地表的地层称为活动层。活动层是冻土区地层水热交换最频繁的区域，多年冻土区与大气之间的能

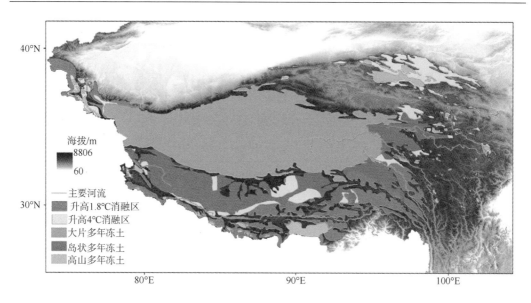

图 4.1　升温条件下青藏高原多年冻土分布（焦世晖等，2016）

量交换主要通过活动层中水分的热量交换来完成（庞强强等，2006）。活动层厚度的变化是地气能量交换的直接过程，是影响寒区生态环境最活跃的因素，同时也直接影响冻土区的水文和植物生态特征，在冻土研究中有重要意义（张中琼和吴青柏，2012），已成为各国学者关注的焦点。

　　传统的活动层厚度监测和反演方法主要有实地测量法和模型反演法（庞强强等，2006；王澄海等，2009；张中琼和吴青柏，2012）。实地测量法是在冻土地下埋设相关的仪器，根据仪器记录地下土层温度信息，获得冻土的融化和冻结深度。作为全球高原地表监测网（global terrestrial network for permafrost，GTNet-P）的一部分，环极活动层监测计划（circumpolar active layer monitoring，CALM）在全球范围内展开活动层监测，CALM 活动层观测网总共有 260 个观测站，平均每百万平方千米大致有 5~6 个。用实地测量法能够准确得到点上的活动层厚度信息，但是不能获得大范围、全局范围的活动层厚度信息。模型反演法则是综合考虑积雪、植被、土壤含水量、土壤热性等多种冻土空间变化因素的一种经验半经验方法，常见的模型反演法有 Kudryavtsev 方法、Nelson 方法和 Stefan 方法（张中琼和吴青柏，2012）。庞强强等（2006）考虑土壤等对活动层厚度的影响，根据青藏高原地区 80 个气象站观测台站 1991~2000 年的地面温度观测资料，结合数据高程模型，用 Kudryavtsev 方法计算了青藏高原多年冻土活动层厚度的变化。张中琼和吴青柏（2012）利用 Stefan 模型计算和预测了青藏高原多年冻土区活动层厚度的变化特征，结果表明，以羌塘盆地为中心，向四周青藏高原多年冻土活动层厚度不断增加。但是，模型反演法原理复杂，需要考虑众多的影响因子，适应性不强，且模拟计算的结果尺度较大，很难获取精细的活动层厚度信息（Daout et al.，2017）。

　　遥感技术的发展为青藏高原大尺度观测提供了一种新的观测手段，特别是在活动层厚度估计方面。遥感技术反演冻土活动层厚度通常是将遥感的观测量（如 NDVI、DEM、

LiDAR 等）与实测的活动层厚度之间建立联系，然后根据这种关系估算大范围的活动层厚度。Gangodagamage 等将探测数据与相对高程和 LiDAR 数据进行关联，进而反演了 Barrow 区域近 5 km^2 的活动层厚度（Gangodagamage et al.，2014）。Nelson 等将探测数据与植被类型联系起来，利用遥感植被类型估算出阿拉斯加库巴鲁克河 100 km 河段的活动厚度值（Nelson et al.，1997）。Pastick 等将探测数据与地面电阻率相关联，并利用机载测量地面电阻率，进而估算出阿拉斯加育空平原附近面积超过 3.3 万 km^2 的活动层厚度值（Pastick et al.，2013）。可见，利用遥感手段可获得大范围高分辨率的活动层厚度，然而这类方法与半经验方法类似，需要依赖于实测数据来建立模型，对于偏远或者不可达到的区域则难以适应。

InSAR 技术的发展，特别是时序 InSAR 技术，为青藏高原大面积冻土区形变监测和冻土物理参数反演提供了一种新的选择（王超等，2002；Ferretti et al.，2001；Hooper et al.，2004；Mora et al.，2003）。目前，时序 InSAR 技术在冻土形变监测中得到了应用，并取得了较好的监测结果（谢酬等，2009；Liu et al.，2010；Wang et al.，2017；Chen et al.，2012）。2009 年谢酬等将永久散射体方法用于青藏铁路北麓河段的冻土形变监测中，并与实测数据对比，结果显示北麓河路段路基的形变在趋势上是正确的，证实了永久散射体技术在高原冻土形变监测应用中的潜力。冻土的季节性形变是由活动层周期性冻胀作用引起的，应用 InSAR 技术得到冻土的季节性形变，建立相关的模型可反演活动层厚度（Liu et al.，2012；赵蓉，2014；Jia et al.，2017）。Liu 等（2012）采用时序 InSAR 技术研究了阿拉斯加湾冻土季节性形变与冻土活动层厚度之间的关联，并得到了较为可靠的活动层厚度的结果。但是，该方法仅利用了冻土融化季节的 SAR 数据，不能反映冻土完整的形变过程。随后，Li 等（2015）和 Jia 等（2017）利用类似的反演模型，并对土壤孔隙度和土壤饱和度进行了简化，研究了青藏高原地区的活动层厚度。上述方法没有考虑土壤湿度的影响，或假设土壤湿度处于饱和状态，这种简单的处理会引起较大的误差。赵蓉（2014）利用 SBAS-InSAR 技术获取冻土的形变值，对冻土形变的分层计算原理进行简化，逆运算得到冻土融化深度，并进一步推算青藏高原宁中盆地的冻土融化深度和多年冻土上限。Li 等（2015）根据热传导法则建立了冻土形变量、地下温度传导时间差与活动层厚度之间的关系，并得到了青藏高原当雄地区的活动层厚度。该方法同样没有考虑土壤孔隙和土壤水分含量变化对模型的影响，所得到的活动层厚度的大小直接取决于反演的冻土形变量。

根据以上基于 InSAR 技术反演活动层厚度的研究分析，发现目前已有的对青藏高原冻土区活动层厚度的反演应用中，都没有考虑冻土区土壤孔隙度和土壤含水量的影响或仅仅对他们进行统一的假设。实际上青藏高原地区不同地形地貌的土壤含水量具有差异性，同时地下土壤水分随深度而变化，如果不充分考虑土壤含水量的话，活动层厚度的估计结果会存在误差（张正加，2017；Wang et al.，2018）。在本章中，首先介绍 InSAR 技术以及多年冻土活动层厚度测量方法，然后以时序 InSAR 技术反演得到的冻土形变值为基础，考虑研究区的不同土壤类型和土壤含水量情况，建立适合青藏高原多年冻土区的活动层厚度反演模型，反演得到青藏高原北麓河冻土区的活动层厚度，并使用测量数据对反演结果进行验证。

4.2　InSAR 技术概述

InSAR 就是利用两幅来自同一照射点的雷达回波信号，根据两次观测时传感器的高度、雷达波长、波束视向及天线位置之间的几何关系，进行干涉处理，得到图像中像元与两天线之间在斜距方向上的距离差，从而精确地测量出图像上每一点的高程及其变化信息。该技术具有全天时、全天候获取大范围、高精度地表高程信息的能力，自 20 世纪 60 年代提出以来，就成为 SAR 遥感领域发展最迅速的方向之一，在此基础上通过在 InSAR 处理中消除地形相位信息，可以获取地表高精度的形变信息，进一步发展了 DInSAR，扩展了 InSAR 的应用领域，目前 InSAR/DInSAR 技术已广泛应用到地形测图、数字高程模型生成，以及地面沉降、火山、地震、滑坡等地质灾害所引起的地表形变监测的诸多领域，成为 SAR 遥感中特有的空间对地观测技术。

4.2.1　InSAR/DInSAR 基本原理

1. InSAR

地面目标的 SAR 回波信号不仅包括幅度信息 A，还包括相位信息 φ，SAR 图像上每个像元的后向散射信息可以表示为复数 $Ae^{i\varphi}$，相位信息包含 SAR 系统与目标的距离信息和地表目标的散射特性，即

$$\varphi = \varphi_{\text{obj}} + \varphi_{\text{geo}} + \varphi_{\text{n}} \tag{4.1}$$

式中，φ_{obj} 为地面目标的散射相位；φ_{geo} 为与地面目标至 SAR 传感器距离相关的几何相位；φ_{n} 为噪声相位。一般而言，每个像元的回波信号是像元内所有散射体的回波矢量和，因此像元的散射相位 φ_{obj} 是不确定的，而几何相位 φ_{geo} 可以表示为

$$\varphi_{\text{geo}} = 2 \cdot \frac{2\pi}{\lambda} R \tag{4.2}$$

式中，"2" 表示双程距离；R 为 SAR 与目标之间的斜距；λ 为电磁波的波长。受散射相位 φ_{obj} 不确定性的影响，单幅 SAR 图像的相位在 $[0, 2\pi)$ 区间上呈均匀分布，如图 4.2 所示，表现为随机噪声。

图 4.2　单幅 SAR 图像的相位

在不考虑相位噪声的情况下，重复轨道获取的两幅 SAR 图像——主辅图像卫星 A_1 与 A_2 接收的 SAR 信号 S_1 和 S_2 分别表示为

$$S_1 = A_m \exp\left[j\left(\psi_m + \frac{4\pi}{\lambda} \cdot R \right) \right] \tag{4.3}$$

$$S_2 = A_s \exp\left[j\left(\psi_s + \frac{4\pi}{\lambda}(R + \Delta R) \right) \right] \tag{4.4}$$

式中，A_m、ψ_m、R 分别为地面目标在主图像像素中对应的幅度、散射相位、斜距；A_s、ψ_s 和 $(R + \Delta R)$ 则表示地面目标在辅图像像素中的幅度、散射相位和斜距。主图像 S_1 与辅图像 S_2 经复共轭相乘干涉处理得到：

$$S_1 \cdot S_2^* = A_m A_s \exp\left[j(\psi_m - \psi_s) - \frac{4\pi}{\lambda} \cdot \Delta R \right] \tag{4.5}$$

式中，*表示取共轭。由式（4.5）不难发现，干涉相位在不考虑噪声的情况下包括两部分：一部分与物体的两次散射特性相关；另一部分由重复轨道两次观测的路程差决定。为了保证能够进行干涉处理，使得干涉相位仅与距离有关，我们就要求 ψ_m 与 ψ_s 尽可能相似，即在主、辅图像卫星两次观测期间，地物目标散射特性不变，即 $\psi_m = \psi_s$，则经过干涉处理，得到干涉图的相位就仅与两次观测的路程差有关：

$$\varphi = -\frac{4\pi}{\lambda} \cdot \Delta R \tag{4.6}$$

但在实际情况中，很多因素会影响 ψ_m 与 ψ_s 是否相等，这些因素我们统称为去相干因素，其中主要包括时间去相干、空间去相干等，只有当这些去相干因素对地物目标影响很小时，干涉处理才能成功。此外，这里的 φ 是真实干涉相位，在实际的图像处理中我们往往通过主辅图像的复共轭相乘得到干涉复图像，再由图像的实部和虚部之比的反正切得到真实干涉相位在 $[-\pi, \pi)$ 之间的主值（缠绕相位），为了得到真实相位必须对得到的缠绕相位进行相位解缠操作，才能得到与地形及地表形变相关联的真实干涉相位。

为了获得两次观测的距离差 ΔR，要建立重复轨道 InSAR 观测的几何关系，如图 4.3 所示，S_1 和 S_2 分别表示主辅图像传感器，B 为两次观测天线间的距离，α 为 B 与水平方向的夹角，θ 为主图像入射角，H 为主传感器相对地面高度，R_1 和 R_2 分别为主辅图像斜距，并且 $R_2 = R_1 + \Delta R$，P 为地面目标点，其高程为 h，P_0 为 P 在参考平地上的等斜距点。

在 $\triangle S_1 S_2 P$ 中，根据余弦定理有

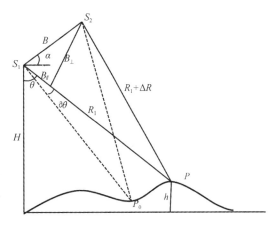

图 4.3　InSAR 处理几何原理

$$(R_1 + \Delta R)^2 = R_1^2 + B^2 + 2 \cdot B \cdot R_1 \cdot \cos\left(\frac{\pi}{2} - \theta + \alpha\right) \tag{4.7}$$

$$2 \cdot R_1 \cdot \Delta R + \Delta R^2 = B^2 + 2B \cdot R_1 \cdot \sin(\theta - \alpha)$$

对于星载 SAR 系统，我们可以假设 $B \ll R_1$，$\Delta R \ll R_1$，

$$\Delta R \approx B \cdot \sin(\theta - \alpha) \tag{4.8}$$

将基线距沿着入射方向和垂直于入射方向进行分解，定义垂直基线距 $B_\perp$ 和平行基线距 $B_{//}$ 分别为

$$B_\perp = B\cos(\theta - \alpha) \tag{4.9}$$

$$B_{//} = B\sin(\theta - \alpha) \tag{4.10}$$

因此在远场情况下，$\Delta R \approx B_{//}$，式（4.6）可表示为

$$\varphi = -\frac{4\pi}{\lambda} \cdot B_{//} = -\frac{4\pi}{\lambda} B \cdot \sin(\theta - \alpha) \tag{4.11}$$

在参考面为平地的条件假设下，根据三角关系，有

$$h = H - R_1 \cos\theta \tag{4.12}$$

分别对式（4.11）和式（4.12）的两边取微分，有

$$\Delta\varphi = -\frac{4\pi}{\lambda} B\cos(\theta - \alpha) \cdot \Delta\theta \tag{4.13}$$

$$\Delta h = R_1 \sin\theta \cdot \Delta\theta - \Delta R_1 \cos\theta \tag{4.14}$$

将式（4.14）代入式（4.13）可得

$$\Delta\varphi = -\frac{4\pi B_\perp}{\lambda R_1 \sin\theta} \cdot \Delta h - \frac{4\pi B_\perp}{\lambda R_1 \tan\theta} \cdot \Delta R_1 \tag{4.15}$$

式（4.15）左边表示像素间的干涉相位差，右边第一项表示它们之间高程变化引起的相位，右边第二项表示无高程变化的平地引起的相位，称为平地相位。这说明干涉相位本身也包括高程相位和平地相位两个成分。为了反演高程，需要去除平地相位，直接建立干涉相位与高程之间的关系，得到高程与干涉相位之间的直接关系：

$$\varphi = -\frac{4\pi B_\perp}{\lambda R_1 \sin\theta_0} h \tag{4.16}$$

对上式两边取微分，可以得到干涉相位相对高程变化的敏感度：

$$\Delta\varphi = -\frac{4\pi B_\perp}{\lambda R_1 \sin\theta_0} \cdot \Delta h \tag{4.17}$$

定义 $\Delta\varphi = 2\pi$ 时的高度变化为模糊高度：

$$h_{2\pi} = -\frac{\lambda R_1 \sin\theta_0}{2B_\perp} \tag{4.18}$$

模糊高度定义了干涉相位变化 2π 对应的高程变化，即一个条纹周期所代表的高程，它是衡量 InSAR 获取 DEM 精细程度的重要指标。模糊高度越小，越能更多地反映 DEM

的细节，反之模糊高度越大，得到的 DEM 越粗糙。

2. DInSAR

差分干涉测量是指利用同一地区的两幅干涉图像，其中一幅是形变前的干涉图像，另一幅是形变后获取的干涉图像，然后通过差分处理（除去地球曲面、地形起伏影响）来获取地表形变的测量技术。近年来大量研究表明，DInSAR 技术在地震形变监测、城市地面沉降变监测、滑坡形变监测、冰移监测等方面具有广泛的应用前景，并且其具有反演厘米量级形变信息的能力。

如式（4.5）所述，InSAR 处理的干涉相位可以表示为

$$\varphi = \Delta\psi + \frac{4\pi}{\lambda}\Delta R + \Delta\alpha + n \tag{4.19}$$

式中，$\Delta\psi$、$\Delta\alpha$ 和 n 分别为两次 SAR 图像成像时地物目标的散射相位差、大气相位差以及其他相位噪声；$\frac{4\pi}{\lambda}\Delta R$ 是两次 SAR 成像地物目标到 SAR 传感器的距离差所引入的几何相位，在 InSAR 技术中假设两次观测期间地表没有发生形变，这个几何相位主要由平地相位和地形相位组成，但是当存在地表形变时，几何相位中将引入形变相位，即

$$\varphi_{geo} = \frac{4\pi}{\lambda}\Delta R = \varphi_{flat} + \varphi_{Ter} + \varphi_{disp} \tag{4.20}$$

为了获得对地表形变的估计，则需要从干涉相位中除了消除平地相位外，还需要消除地形相位，获得仅与形变相关的形变相位 φ_{disp}。根据消除地形相位的方法不同，DInSAR 主要有两种工作模式：①两轨法，消除地形相位的 DEM 来自外来数据；②三轨法，消除地形相位的 DEM 来自 InSAR 处理自身。

设 SAR 两次过境时，地面在 SAR 视线方向（line of sight，LOS）上发生 Δr 形变，则形变相位为

$$\varphi_{disp} = -\frac{4\pi}{\lambda}\Delta r \tag{4.21}$$

与式（4.17）相比，地表在 LOS 上发生 $\frac{\lambda}{2}$ 形变时，就可以引起 2π 相位变化，如对 ERS–1/2 来说，当地表在视线向位移 2.8 cm 时，差分相位就会产生一个条纹，发生 2π 的相位变化，因此相对于 DEM 测量而言，差分相位对地形变化更加敏感，测量精度可以达到波长量级。

3. InSAR/DInSAR 相干性分析

为了能进行 InSAR 处理，需要在两次观测时物体的散射相位 ψ_m 与 ψ_s 尽可能相似，即在主辅图像卫星两次观测期间，像元内地物目标散射特性不变，但是在现实世界中，地面同一分辨单元在两次成像时的回波信号受多种因素的影响，导致 InSAR 精度下降，甚至导致 InSAR 处理失败，我们将这些影响因素统称为去相干因素。它们主要包括：

①时间去相干（γ_{temporal}），由图像获取期间地表散射特性变化和大气变化造成；②空间去相干（γ_{geo}），也称几何或基线去相干，主要由两次观测的视角差异造成；③多普勒质心去相干（γ_{DC}），指两幅图像的多普勒质心存在差异；④体散射去相干（γ_{vol}），指具有一定体积的散射体，电磁波在内部经过多次散射造成；⑤热噪声去相干（γ_{thermal}），主要受系统特征影响，包括增益和天线特征；⑥数据处理去相干（γ_{pro}），主要取决于数据处理过程所采用的算法，如插值、配准等。总的相干性可以表示为（Zebker and Villasenor，1992）：

$$\gamma_{\text{total}} = \gamma_{\text{temporal}} \times \gamma_{\text{geo}} \times \gamma_{\text{DC}} \times \gamma_{\text{vol}} \times \gamma_{\text{thermal}} \times \gamma_{\text{pro}} \tag{4.22}$$

式中，主要影响因素为时间去相干与空间去相干。

1）时间去相干因素

散射目标在重复轨道两次观测期间散射特性的变化所导致的时间去相干，主要是指散射体在分辨单元内的位置或者自身散射特性随时间的变化，其保持相干的时间长短与其本身的性质有关。对于水体而言，其表面时刻变化导致其相干时间只有几十微秒，对于农作物和植被区域而言，基于植被的自身生长情况，其相干时间可以为数小时到数天，而对于裸露岩石或者人工建筑物而言，由于其散射特性的稳定性，其相干性可以保持数年。

2）空间（几何）去相干因素

干涉处理的两幅 SAR 图像，由于空间基线的存在，对地成像时入射角不同，根据斜距与地距的几何关系，对应的地面范围会有所不同，因此两次观测所接收的回波信号来自不完全相同的地物目标，从而导致失相干，基线超过一定阈值时，会导致两图像完全不相干，此时的垂直基线定义为最大极限垂直基线距：

$$B_{\perp c} = \frac{B_{\text{r}} R \tan(\theta - \xi)}{f_0} = \frac{B_{\text{r}} H \tan(\theta - \xi)}{f_0 \cos\theta} = \frac{B_{\text{r}} \lambda H \tan(\theta - \xi)}{c \cdot \cos\theta} \tag{4.23}$$

式中，R 为斜距；H 为雷达高度；ξ 为地形坡度角；f_0 为雷达载频；c 为光速；λ 为波长；θ 为入射角，如对于 ERS 数据来说，$B_{\perp c}$ 约等于 1 100 m。

空间去相干可以简单地表示为

$$\left| \gamma_{\text{geo}} \right| = \begin{cases} \dfrac{B_{\perp c} - B_{\perp}}{B_{\perp c}} & B_{\perp} \leqslant B_{\perp c} \\ 0 & B_{\perp} > B_{\perp c} \end{cases} \tag{4.24}$$

相干系数是表征相干性的重要指标，可以用于衡量干涉相位的精度（Bamler，1993，1998）。一般地，对于 0 均值、复高斯分布的两随机变量 c_1 和 c_2，它们的归一化复相干系数可以表示为

$$\gamma_{12} = \frac{E\{c_1 \cdot c_2^*\}}{\sqrt{E\{|c_1|^2\} \cdot E\{|c_2|^2\}}} \qquad (4.25)$$

式中，$E\{\cdot\}$ 表示求平均。如果 SAR 图像在两次成像时，分辨单元内单个散射体位置和后向散射系数不变，雷达视向不变，那么分辨单元的回波将会不变。SAR 干涉就是一种相干处理，对于两 SAR 复图像的对应像素来说，当$|\gamma_{12}|=1$ 时，表示完全相干；当$|\gamma_{12}|=0$时，表示完全不相干；当 $0<|\gamma_{12}|<1$ 时，表示部分相干。

式（4.25）是相干系数的理论计算公式，实际操作中采用窗口估计的方法计算两幅 SAR 图像的相干系数，具体公式如下（Touzi，1999）：

$$\hat{\gamma} = \frac{\sum_{n=1}^{N} c_{1n} \cdot c_{2n}^*}{\sqrt{\sum_{n=1}^{N}|c_{1n}|^2 \cdot \sum_{n=1}^{N}|c_{2n}|^2}} \qquad (4.26)$$

式中，N 表示围绕中心像素所采用窗口中的像素个数。但是考虑 InSAR 干涉相位中平地相位成分的影响，上述相干系数计算公式需要进一步修正为（Touzi，1999）

$$\hat{\gamma} = \frac{\sum_{n=1}^{N} c_{1n} \cdot c_{2n}^* \cdot \exp(-i\varphi_{\text{flat},n})}{\sqrt{\sum_{n=1}^{N}|c_{1n}|^2 \cdot \sum_{n=1}^{N}|c_{2n}|^2}} \qquad (4.27)$$

4.2.2　时序 InSAR 方法

DInSAR 作为新兴的空间测量技术，其具有的全天时、全天候、广覆盖、高分辨率等优点使其在地表微小形变的监测中得到了广泛的关注，但是 DInSAR 技术如同其基础 InSAR 处理一样，时间和几何的去相干以及大气干扰等因素的影响大大限制了其应用。时间的去相干主要是指图像分辨单元内物体在图像获得的时间间隔内散射特性发生变化，从而导致所获得的图像对之间失去相干性。几何去相干性主要是指由于成像卫星观测位置不同而导致接收信号时的入射角不一致，使得物体在图像分辨单元内发生空间变化而导致的去相干性。此外，大气的不均匀所产生的大气相位以及不同成像时期大气的不同延时作用也将破坏所获得干涉相位的精确性。

针对这些传统 DInSAR 技术在进行微小地表形变监测中所存在的时间和空间去相干缺陷，为了实现长时间的地表形变监测，研究人员通过对时间序列上大量 SAR 图像的研究，发现在城区和岩石地区，长时间序列上存在相位和幅度变化稳定的点，仅仅利用这些稳定点上的相位特征，可以很好地解决时间去相干问题，实现长时间尺度上的地表形变分析，将所有这些方法统称为时间序列 InSAR 分析技术，它们是第二代 DInSAR 技术，是近 20 年 InSAR 领域研究的热点。

1. DInSAR 相位信号组分分析

前文已经对于 SAR 干涉测量的理论以及基本几何原理已经进行了详细论述，在此主要强调干涉相位中的不同信号成分，忽略由图像成像聚焦误差和 InSAR 处理算法中的配准误差以及插值核所造成的数值计算误差所引起的相位成分，假定 SAR 图像中每一像元相位的改变源于：①卫星-散射体的相对位置；②物体散射特性可能的时间变化；③大气变化；④系统的热噪声。则同一区域的两幅 SAR 图像中任意一幅图像的像素 $x = \begin{bmatrix} \xi \\ \eta \end{bmatrix}$ 处的相位为

$$\psi(x) = \frac{4\pi}{\lambda} r(x) + \sigma(x) + \alpha(x) + n(x) \tag{4.28}$$

式中，r 为卫星-物体距离；σ 为物体散射相位；α 为大气相位贡献；n 为系统热噪声相位。而两幅图像干涉的相位差表示为

$$\varphi(x) = \psi_s(x) - \psi_m(x) = \frac{4\pi}{\lambda}[r_s(x) - r_m(x)] + [\sigma_s(x) - \sigma_m(x)] + [\alpha_s(x) - \alpha_m(x)] + n(x) \tag{4.29}$$

重复轨道干涉测量的辅图像斜距 r_s 可以表示为

$$r_s = r_m + \Delta r \tag{4.30}$$

式中，Δr 为卫星与物体在斜距上的距离变化，反映了地物的地形高程 h 和地物在卫星视线（line of sight，LOS）方向上可能的运动 Δd：

$$\Delta r = \varphi_u + \varphi_t = \frac{4\pi}{\lambda} \Delta d + \frac{4\pi}{\lambda} \cdot \frac{B_\perp}{R \cdot \sin\theta} \cdot h \tag{4.31}$$

因此干涉相位 $\varphi(x)$ 是若干信号的混合，它取决于图像获得的几何位置、物体运动、散射机制的变化以及大气的影响。

$$\varphi(x) = \varphi_t(x) + \varphi_u(x) + \varphi_\alpha(x) + \varphi_\sigma(x) + \varphi_n(x) \tag{4.32}$$

式中，$\varphi_t(x)$ 表示地形的相位贡献；$\varphi_u(x)$ 表示物体在 LOS 方向上形变位移的相位贡献；$\varphi_\sigma(x)$ 表示重复观测时间段内物体的散射特性变化导致的相位变化贡献；$\varphi_\alpha(x)$ 表示不同观测时刻大气延时的相位贡献；$\varphi_n(x)$ 代表系统的热噪声相位贡献。其中 $\varphi_t(x)$ 和 $\varphi_u(x)$ 为几何相位，而 $\varphi_\sigma(x)$ 为目标散射相位。

通过已有的 DEM 数据或者采用雷达干涉测量获得的 DEM 数据消除地形相位的贡献，得到差分干涉雷达测量的相位：

$$\varphi(x) = \varphi_{\Delta t}(x) + \varphi_u(x) + \varphi_\alpha(x) + \varphi_\sigma(x) + \varphi_n(x) \tag{4.33}$$

式中，$\varphi_{\Delta t}(x)$ 表示采用 DEM 数据的不精准所造成的残余地形相位贡献。根据高程与相位的关系式（4.16）有

$$\varphi_{\Delta t} = \frac{4\pi}{\lambda} \cdot \frac{B_\perp}{R \sin\theta} \varepsilon \tag{4.34}$$

式中，ε 表示残余地形相位高程。式（4.33）中关于物体在 LOS 方向上的形变位移可以

表示为

$$\varphi_u^i = \frac{4\pi}{\lambda} \cdot v \cdot T_i + \varphi_{NL}^i \qquad (4.35)$$

式中，φ_u^i、φ_{NL}^i 分别为第 i 幅干涉图中的总形变相位与目标非线性位移的形变相位，而 v 和 T_i 则分别为目标的线性形变速率与第 i 幅干涉图中主、辅图像的时间间隔。因此经过差分处理后得到的差分相位为：

$$\varphi(x) = \frac{4\pi}{\lambda} \cdot v(x) \cdot T_i + \frac{4\pi}{\lambda} \cdot \frac{B_\perp}{R\sin\theta} \cdot \varepsilon(x) + \varphi_{NL}(x) + \varphi_\sigma(x) + \varphi_\alpha(x) + \varphi_n(x) \qquad (4.36)$$

其中包括形变速率、DEM 误差的信号、时间去相干造成的物体散射相位、大气非均质性造成的大气相位和系统的噪声及计算的误差相位。理想情况下的差分干涉测量假设重复观测期间物体散射特性保持高相干，消除地形相位的 DEM 数据准确，不同时刻观测的天气状况大致相同，并且假设地表的形变位移速率是匀速的线性位移，那么只需要对差分干涉相位进行相位解缠，问题就转化为非常简单的线性问题。

$$\varphi(x) = \frac{4\pi}{\lambda} \cdot v(x) \cdot T_i + \varphi_n \qquad (4.37)$$

然而实际的地表微小形变监测时间一般持续数年，因此所得到的干涉图中大多数像素受时间去相干的严重影响，极端情况下差分干涉相位中物体形变的相位信息完全淹没于地物散射相位之中；其次所采用的 DEM 数据的准确性有限，不可能完全消除地形相位的贡献；此外重复观测期间不同大气状况所造成的不同电磁波延时，尤其在不同的大气水汽压情况下，均会对测量的干涉相位信息造成破坏；进行干涉处理的图像对空间基线受到临界基线的限制，这些都大大限制了利用差分干涉测量这项新兴空间观测技术在城市沉降等微小地表形变监测中的应用。

2. 时序 InSAR 基本原理

如上一小节所述，差分干涉相位中主要包含我们所感兴趣的形变相位，以及残余的 DEM 相位、大气相位和目标散射相位。而残余的 DEM 相位由于其和垂直基线 $B_\perp$ 的关系，大气相位在空间上的相关性及时间上的独立性的特点，使得它们都可以很好地得到模拟而消除，但是由时间的去相干所引入的目标散射相位影响，则散射相位本身的随机性使得对它的消除基本不可能，并且对于失相干严重的物体，其散射相位将淹没其他的干涉相位信号，直接导致了差分干涉测量的失效。因此为了实现微小地表形变的长时间序列监测，必须消除由时间去相干所造成的散射相位。不同的物体散射，其保持相干的时间有很大的差异，最近的研究表明，在长时间序列的 SAR 图像上，裸露的岩石及城市的人造目标（如桥梁、道路、铁路和建筑物等）仍然能够保持高相干性，在这些目标点的像素上，通过干涉处理便可以很好地消除物体的散射相位，从而得到反映地表形变位移、残余 DEM 的相位。

时间序列 InSAR 处理的基本思想是从长时间序列中的一系列 SAR 图像中选取那些在时间序列上保持高相干的像素点作为研究对象，利用它们的散射特性在长时间上很好的稳定性，获得可靠的相位信息，通过时间和空间分析，分解各个相干目标点上的相位组成，包括相对高程、地表运动以及由大气引起的相位变化，最后可以得到地表的位移。其主要步骤如下。

（1）干涉图生成：假定有 $N+1$ 幅 SAR 图像，按照一定的干涉组合原则进行干涉处理，得到 M 幅干涉图像；

（2）差分干涉图生成：利用区域已有的 DEM 数据或者利用通过干涉处理得到的 DEM 数据，消除干涉相位中的地形相位，得到 M 幅差分干涉相位图；

（3）从 $N+1$ 幅 SAR 图像的成像时间段上选择其中保持相干的像素点，并将这些所选择的相干目标集作为分析对象，进行相位分析；

（4）地表形变位移速率、残余高程和大气贡献的估计：假设地表形变服从匀速线性位移，建立线性形变模型：

$$\varphi_{\text{model}} = \frac{4\pi}{\lambda} \cdot v(x)T_i + \frac{4\pi}{\lambda} \cdot \frac{B_\perp}{R \cdot \sin\theta} \cdot \varepsilon(x) \qquad (4.38)$$

则差分干涉的相位信号为

$$\varphi(x) = \varphi_{\text{model}} + \varphi_\alpha(x) + \varphi_{\text{n}}(x) \qquad (4.39)$$

与式（4.33）相比，减少了由于目标散射而产生的散射相位，这正是因为我们分析的对象仅限于那些在时间序列上保持高相干的像素点，同时由于线性位移假设，我们忽略了式（4.36）中非线性形变的相位贡献，把其视为噪声的一部分，归于 $\varphi_{\text{n}}(x)$ 中。对于式（4.38）建立的模型相位，第一项反映了匀速形变的相位贡献，而第二项则是由于所用 DEM 的精度限制，差分干涉图中包含的残余地形相位贡献，其对差分干涉相位的贡献也表现为线性关系，因此我们将式（4.38）定义为线性相位部分，大气相位 $\varphi_\alpha(x)$ 则近似于白噪声过程，在进行差分相位分析及形变反演时，往往把其也归为噪声相位 $\varphi_{\text{n}}(x)$，这样 $\varphi_{\text{n}}(x)$ 包括大气相位、非线性形变相位以及系统的热噪声相位，作为线性模型下的剩余相位，因此也将 $\varphi_{\text{n}}(x)$ 定义为线性残差相位 $\omega(x)$，此时差分干涉相位表示为

$$\varphi(x) = \varphi_{\text{model}} + \omega(x) \qquad (4.40)$$

通过定义一个目标函数，使得 $\varpi(x)$ 达到最小时的（$v(x)$、$\varepsilon(x)$）作为相干目标 x 的形变速率与残余高程的估计，对式（4.40）所建立的目标函数的反演成了时间序列 InSAR 处理的核心。

（5）反演得到形变速率和残余 DEM 之后，从差分干涉相位中消除这部分线性相位部分，得到线性残差相位，根据线性残差相位中不同部分的时空相关性，进一步对其进行分解，得到大气相位（APS）与非线性形变的估计。

最早提出的时间序列 InSAR 处理方法是 1999 年 Ferretti 等提出的永久散射体干涉处理（permanent scatterers InSAR，PS-InSAR®）法，在此基础上一系列方法被提出，根据它们处理的相干目标，它们大致可以分为三类：以点目标位处理对象的 PSI（persistent scatterers interferometry）方法、以相干目标地物为处理对象的小基线集方法（small baseline set，SBAS）和以均匀分布目标为处理对象的分布目标 InSAR（distributed scatterer inSAR，DSI）。

3. PSI

失相干是同一像元内所有散射体的回波总和在不同时间内发生变化引起的。如果一个像元内有一个主要散射体的回波强度大于其他像元，那么失相干的情况就会大大减少，如图 4.4 所示。

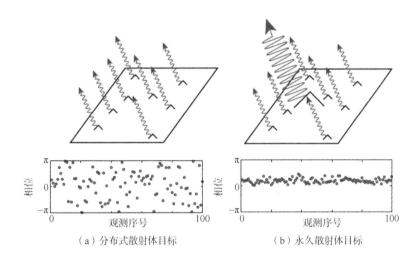

（a）分布式散射体目标　　　　　　　　　（b）永久散射体目标

图 4.4　分布式目标和永久散射体目标散射机制和相位模拟图（Hooper，2006）

1999 年，Ferretti 等首先提出的永久散射体（permanent scatterers，PS）DInSAR 技术是典型的 PSI 方法。这种方法主要从一组时间序列的 SAR 影像中选取那些保持高相干性的点，如人工建筑、岩石等作为 PS 点。这些点往往小于分辨单元，并且具有散射特性稳定、受时间和空间去相干的影像小等优点。从这些 PS 点中获取相位变化信息，从而反演出高精度的地形形变信息。考虑 $N+1$ 幅 SAR 影像，选择一幅图像作为主图像，与其他图像组合产生 N 幅干涉图。利用 DEM 去除地形相位，得到 N 幅差分干涉图，每个 PS 的相位 φ 可以表示为

$$\varphi = \varphi_{\text{def}} + \varphi_{\text{topo}} + \varphi_{\text{atm}} + \varphi_{\text{noise}} \tag{4.41}$$

式中，φ_{def} 为形变相位；φ_{topo} 为残余地形相位；φ_{atm} 为大气相位；φ_{noise} 为系统噪声相位。

1）点目标的选择

点目标往往对应桥梁、铁路、建筑物、裸露岩石、角反射器等，它们小于像元尺寸，其幅度与相位在时间尺度上都能保持很好的稳定性，对它的选择多采用幅度阈值法，通过利用对像素的幅度稳定性来替代相干性的估计，这往往需要较多的 SAR 图像（大于 30 幅），一般而言，只有在足够多的图像情况下，幅度的统计特性才能得到正确估计，在时间序列上分析区域内每一像素的强度来寻找稳定的散射体。在高信噪比的条件下，相位离差 σ_v 可以通过幅度的离差来估计：

$$\sigma_\mathrm{v} \approx \frac{\sigma_\mathrm{nI}}{g} \approx \frac{\sigma_\mathrm{A}}{m_\mathrm{A}} = D_\mathrm{A} \qquad (4.42)$$

式中，m_A 和 σ_A 是像素在所有 SAR 图像中幅度的均值和标准差，幅度离散指数 D_A 可以看作对相位稳定度的测量参数。对于高信噪比的像素，那些 D_A 值小于某一阈值的像素被选作相干点目标。该方法简单快捷，但它首先需要获得足够多的 SAR 图像以保证正确获取图像像素幅度的统计信息，同时对获得的 N 幅 SAR 图像还需要进行辐射标定，以保证不同成像时间的图像的幅度具有可比性，其次幅度离散指数检测的前提是高信噪比情况下的像素，因此在利用幅度离散指数之前还需要从区域中筛选出那些高信噪比的像素点，再从中选择相干点目标。

2）形变模型反演

考虑到大气的空间自相关性，即在一定范围内大气延迟对相位的影响是相同的。在一定范围内对相邻两 PS 点的差分相位进行再次差分，一定程度上可以降低大气延迟相位的影响。对两 PS 点的相位差分，对形变速度和残余地形相位进行建模，如下：

$$\Delta\varphi_\mathrm{model} = \frac{4\pi}{\lambda} \cdot \Delta v T_i + \frac{4\pi}{\lambda} \cdot \frac{B_\perp}{R \cdot \sin\theta} \cdot \Delta\varepsilon \qquad (4.43)$$

式中，$\Delta\varphi$ 为差分干涉图中两相邻 PS 点的相位差；Δv 为形变速率梯度；T 为时间基线；$B_\perp$ 为垂直基线；$\Delta\varepsilon$ 为两点残余地形高程差；λ、R 和 θ 分别为入射波的波长、传感器至地面目标的斜距和入射角。再通过定义如下的目标函数：

$$\gamma = \left| \frac{1}{M} \sum_{m=1}^{M} \exp[j(\Delta\varphi^m - \Delta\phi_\mathrm{model})] \right| \qquad (4.44)$$

联合 M 幅差分干涉图求解 Δv 和 $\Delta\varepsilon$。然后对速度和高程进行积分，可得到每个 PS 点的绝对速度和高程误差。再从差分相位中减去已知的线性形变相位和高程误差相位，可得到残余相位。由于大气相位与空间相关，时间不相关，系统相位对时间和空间都不相关。对残余相位进行适当的时间和空间滤波，可获取非形变相位。PSI 算法的基本流程如图 4.5 所示。

4. 小基线集干涉处理（SBAS）

除了理想的点目标能在时间序列上保持高相干性以外，自然界更多的是分布目标，与点目标相比，这些分布目标更易受去相干因素的影响，为了最大限度地降低这些因素的影响，研究人员提出了小基线集方法，通过限制干涉组合的空间基线来降低空间去相干的影响，同时对干涉的主、辅图像进行滤波处理，对干涉图进行多视处理能进一步降低相位噪声。

1）相干目标的选择

SBAS 选择的是时间序列上有高相干性的目标区域，相干系数阈值法是最简单、最直接的方法，根据相干性估计的公式，计算各像素在 N 幅相干图中的相干系数序列

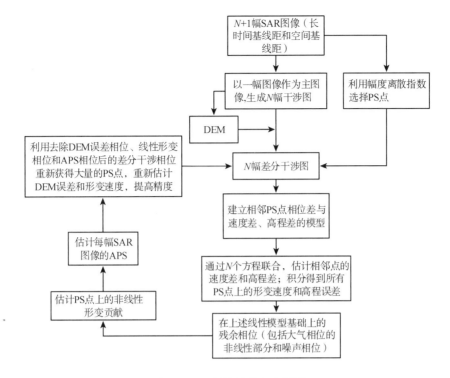

图 4.5　PSI 算法的基本流程图

$\gamma_i\,(i=1,2,\cdots,N)$，并给定一个适当的阈值 γ_{T}，如果 $\dfrac{1}{N}\displaystyle\sum_{i=1}^{N}\gamma_i\geqslant\gamma_{\mathrm{T}}$，则将该像素点确定为相干目标点。

2）形变模型反演

　　SBAS 方法将所有的获得的 SAR 数据组合成若干个集合，原则是，集合内 SAR 图像基线距小，集合间的 SAR 图像基线距大。每个小集合的地表形变时间序列可以很容易利用 LS 方法得到，但是单个集合内时间采样不够，使得方程存在无数解。为了解决这个问题，利用奇异值分解（SVD）方法将多个小基线集联合起来求解。

　　如果所有的 SAR 图像都属于一个小基线集，利用最小二乘法可得形变相位。但实际上，这样的可能性很小。对于多个小基线集，$A^{\mathrm{T}}A$ 是一个奇异矩阵。例如，假设有 L 个子集，A 的秩为 $N–L+1$，方程组就会有无穷多解（设 $N\leqslant M$）。SBAS 方法的核心算法是利用矩阵的 SVD 方法，求出最小范数意义上的最小二乘解。对矩阵 $A[M\times N]$ 进行奇异值分解：

$$A = USV^{\mathrm{T}} \tag{4.45}$$

式中，U 是 $M\times M$ 的正交矩阵，由 $A\cdot A^{\mathrm{T}}$ 的特征向量 u_i 组成；V 是 $N\times N$ 的正交矩阵，由 $A^{\mathrm{T}}A$ 的特征向量 v_i 组成；S 是一个 $M\times M$ 的对角矩阵，对角线元素是 $A\cdot A^{\mathrm{T}}$ 的特征值 λ_i。一般 $M>N$，假设 A 的秩为 R，则 $A\cdot A^{\mathrm{T}}$ 的前 R 个特征值为非 0，后面的 M-R 个特

征值为 0。定义 A 的伪逆矩阵为 A^+，则有

$$A^+ = \sum_{i=1}^{R} \frac{1}{\sqrt{\lambda_i}} v_i u_i \tag{4.46}$$

最小范数意义上的最小二乘相位估计为：$\hat{\varphi} = A^+ \delta\varphi$。将相位转化到平均相位速度：

$$\underline{v}^{\mathrm{T}} = \left[v_1 = \frac{\varphi_2}{t_2 - t_1}, \cdots, v_{N-1} = \frac{\varphi_N - \varphi_{N-1}}{t_N - t_{N-1}} \right] \tag{4.47}$$

干涉相位得

$$\sum (t_{k+1} - t_k) v_k = \Delta\varphi_j, \ \ j = 1, \cdots, M \tag{4.48}$$

从而得到一个新的矩阵方程：$Dv = \Delta\Phi$；D 是一个 $M \times (N-1)$ 矩阵。对第 j 行，位于主、辅图像获取时间之间的列：$D(j,k) = t_k - t_{k-1}$，其他：$D(j,k) = 0$；在这种情况下，将 SVD 分解应用于矩阵 D，就可以得到速度矢量 v 的最小范数解。另外，从差分相位的组成出发，我们知道除了形变相位贡献以外，还有高程误差 ε 的相位贡献。因此建立公式：

$$Dv + C \cdot \varepsilon = \Delta\Phi \tag{4.49}$$

式中，$C[M \times 1]$ 是与基线距相关的系数矩阵，由此可以得到 DEM 误差。

此外，在线性模型的基础上，继续通过对残余相位在空间和时间上的适当滤波就能分离出大气相位和非线性形变相位。小基线的处理流程见图 4.6。

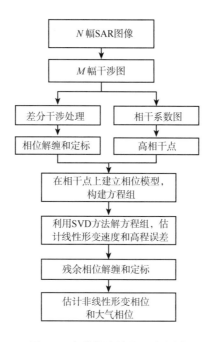

图 4.6　小基线法的处理流程图

5. 分布式目标 InSAR

从 Ferretti 等首次提出 PSInSAR 以来（Ferretti et al.，2001），PSI 技术得到了越来越多的关注，广泛应用于滑坡、火山形变、地震、城市沉降等领域的监测中，并取得了较好的效果。但是，在郊区、农田区以及山区，PS 点或高相干点稀少，PSI 和 SBAS 技术在这些区域的应用受到了限制。为了克服上述技术的问题和不足，诸多学者对该问题进行研究。近些年，研究人员展开了对分布式目标（distributed scatterers，DS）干涉 SAR 的研究，以获取非城镇区域地表形变参数。当分辨单元内所有散射体的后向散射系数大体相同时，称其地物为分布式散射目标体，该类地物大多为裸地、稀疏植被覆盖区等。在非城市区域和自然地表，高相干点分布稀少，但是分布式目标却常见，虽然分布式目标相干系数较低，或只在部分干涉图保持相干性，但是从这些目标中提取相位信息对于克服传统时间序列 InSAR 技术的不足和扩展其应用领域有重要意义。

Ferretti 等在前人研究的基础上，提出了 SqueeSAR 算法（Ferretti，2011）。SqueeSAR 算法通过对分布目标观测相位向量进行特征分解，提取特征值占优的特征向量作为观测值，提高了观测相位的质量，保证了形变反演的精度。

1）目标选取

利用 KS 检验方法检验两点是否属于统计同质区（statistics homogeneous pixel，SHP）。考虑 N 幅 SAR 图像，对图像中的任意一点 P，可以得到它的一个矢量：

$$\boldsymbol{d}(P)=[d_1(p),d_2(p),\cdots,d_N(p)]^{\mathrm{T}} \tag{4.50}$$

式中，第 i 幅图像对应的 P 点的值。使用幅度值的统计信息代替相位的稳定信息。对于排序后的幅度值（$x=|d|$），可以得到其累积分布函数，可以表示为

$$S_N(X) = \begin{cases} 0, & \text{if } X < x_1 \\ \dfrac{k}{N}, & \text{if } x_k \leqslant X < x_{k+1} \\ 1, & \text{if } X \geqslant x_N \end{cases} \tag{4.51}$$

式中，x_i 为幅度矢量中的元素。

定义累积分布函数后，利用 KS 检验方法检验两点是否属于 SHP。计算两点的 CDF 之间绝对差的最大值 D_N：

$$D_N = \sqrt{N/2}\, \sup_{x \in R} \left| S_N^{P1}(x) - S_N^{P2}(x) \right| \tag{4.52}$$

选择合适的阈值，小于阈值的两点作为 DS 的同质区。

2）相位优化

使用相位三角形算法 PTA 求解每幅 SAR 图像对应的真实相位，并使之代替 DS 目标相位。假设像素 P 所对应的相干性矩阵表达如下：

$$\boldsymbol{\Gamma}(P) = \boldsymbol{\Theta\Upsilon\Theta}^{\mathrm{H}} \tag{4.53}$$

式中，$\varUpsilon$ 为大小为 $N \times N$ 的系统实矩阵，其元素为对应干涉图的相干性；$\varTheta =$ diag$\{\exp(j\theta)\}$ 为大小为 $N \times N$ 的对角矩阵，包含像素 P 在对应 N 个 SAR 获取时刻的真实相位值。

不失一般性，设置第一副 SAR 图像相位为 0，根据最大似然估计准则，其他 $N-1$ 个相位值的最优估计 $\lambda = [0, \vartheta_2, \cdots, \vartheta_N]^T$ 可以由下式得到：

$$\hat{\lambda} = \arg \max_{\lambda} \left\{ \varLambda^H \left(|\hat{\varGamma}|^{-1} \circ \hat{\varGamma} \right) \varLambda \right\} \tag{4.54}$$

式中，$\varLambda = \exp(i\lambda)$ 为 N 维向量；$\hat{\varGamma}$ 为复相干性矩阵估计值；$\circ$ 为 Hadamard 乘积。

采用迭代算法 BFGS（Broyden-Fletcher-Goldfarb-Shanno）对上述非线性方程进行求解，一旦获取参数最优解，接下来应该对所求解相位值 $\hat{\lambda}$ 进行质量评估。采用拟和优度测量如下：

$$\gamma_{PTA} = \frac{1}{N^2 - N} \sum_{n=1}^{N} \sum_{\substack{k=1 \\ k \neq n}}^{N} e^{i\varphi_{nk}} e^{-i(\vartheta_n - \vartheta_k)} \tag{4.55}$$

对高于一定阈值的 DS 目标进行选取，并使估计得到的最优相位集合代替原始 SAR 图像相位。

最后，将经过上述步骤选取得到的 DS 目标联合 PS 目标一起，采用传统 PSInSAR 算法进行每个测量目标的形变时间序列估计。SqueeSAR 算法流程如图 4.7 所示。

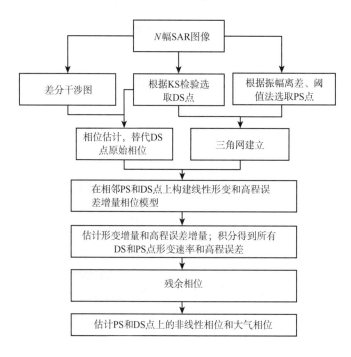

图 4.7　SqueeSAR 算法的处理流程图

4.3　青藏高原多年冻土活动层厚度测量方法

活动层是冻土区地层水热交换最活跃的区域，冻土区冻土工程基础的破坏主要是由于地面变化导致活动层内水分和热量变化，另外，活动层的水热动态变化直接影响冻土区的水文和植物生态系统，因此，准确掌握冻土活动层厚度及其空间变化规律对寒区环境、水文生态、工程建筑具有重要意义。目前反演多年冻土活动层厚度的方法主要有以下三大类：实测法、经验/半经验模型、基于遥感技术的活动层厚度估算方法。

4.3.1　实　测　法

融化土层与冻结土层之间的界面是最容易被各种监测方法识别的界面。因此，在活动层融化最深时探测到的界面深度即活动层厚度，即多年冻土上限。目前在多年冻土调查及监测中，探测多年冻土活动层厚度的常用方法有探钎法、钻探法、测温法、探地雷达法等实地测量方法（赵林和盛煜，2015）。

1. 探钎法

探钎法是在冻土季节融化到最大深度时，将钢钎钉入冻土融化层中，钢钎所能达到的最大深度可近似为活动层厚度。探钎法是探测活动层厚度最直接和最方便的方法，但是该方法只适用于土壤颗粒细小的泥炭土和沼泽地区域，活动层厚度在几十厘米内。对于高海拔地区，地表土壤水分含量较少或活动层厚度较深则不适用（赵林和盛煜，2015）。

2. 钻探法

钻探法是利用挖掘工具在多年冻土区进行，通过判断地下土层是否含冰、有无夹冰层来确定活动层厚度。通常在多年冻土上限附近会形成一层连续发育的富含冰土层。图 4.8 为研究团队在昆仑山垭口附近钻探的地下冰。

图 4.8　冻土最大融化深度附近的地下冰（2014 年 8 月）

3. 测温法

在多年冻土研究过程中，常采样测量地温的方法间接测量活动层厚度。当活动层融化在最深处时，多年冻土上限附近的地温为 0 ℃，因此地温曲线中 0 ℃等温线所能达到的最大深度即活动层厚度。图 4.9 是使用测温法测量活动层厚度的照片。实际上由于土壤矿物盐分的影响，0 ℃与冻土冻结温度并不一致，从而会有一定的误差，这种误差可以通过实验室测定冻土冻结温度进行校正（赵林和盛煜，2015）。

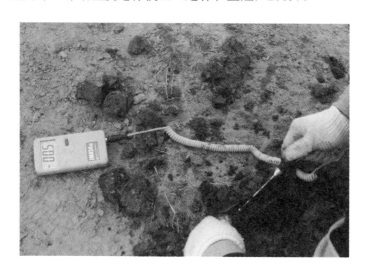

图 4.9　测温法测量活动层厚度的野外照片（2014 年 8 月）

4. 探地雷达法

由于雷达电磁波在有明显介电常数数值差异的介质分层界会产生电磁波反射，因此可以通过在多年冻土地面向下发射电磁波，通过雷达回波在冻融界面处的反射回波位置来确定冻土上限深度。雷达电磁波以一定的速度在土体内传播，传播速度的大小由介质的介电性质决定，同时也受到土壤含水量、温度等因素的影响。在多年冻土区，活动层融化到最大融化深度时，由于多年冻土的隔水作用，流动水在重力作用下在冻土上限附近聚集，使得雷达反射回波在该处的传播速度变小。一般雷达传播速度相对较小的反射层为冻土上限（赵林和盛煜，2015）。

在解译用探地雷达法（GPR）得到的回波剖面信号时，通常需要结合监测点附近的地质、环境、气候等资料，如土质、土壤含水量、植被、气候等因素确定活动层厚度。探地雷达法具有工作效率高、便捷以及分辨率高等优势，被大量应用于管线探测、道路地基监测、地质探测等领域中，在常规环境下其已经得到了广泛应用（刘皓男，2017）。研究团队 2018 年 10 月在研究区用探地雷达法进行探测的野外实验照片见图 4.10。

图 4.10　用探地雷达法测量野外照片（2018 年 8 月）

4.3.2　基于经验模型的冻土活动层厚度反演方法

针对小范围冻土区域，用实测法能够获取点位上高精度的活动层厚度。但是对于大范围、空间上高度非均质的冻土区域，用实测法很难进行监测。经验/半经验模型法是利用冻结或融化深度和某些因素（温度、积雪、土质等）之间的相关关系的经验表达。经验公式形式通常比较简单，参数容易获取，非常适合大范围冻土活动层厚度的估算。活动层厚度经验公式估算的常用方法主要有 Stefan 方法、Kudryavtsev 方法以及 GIPL2 模型（张中琼和吴青柏，2012；赵林和盛煜，2015）。

1. Stefan 方法

Stefan 方法假设地表吸收的热量全部用于地体冰的融化，没有考虑融土壤增温耗热及冻融界面传往下伏冻土的热量，直接运用多年冻土区融化指数计算活动层厚度，是一种比较简单且直接的方法，其计算公式如下：

$$H = \sqrt{\frac{2\lambda n \text{DDT}_a}{\rho_d w L}} \qquad (4.56)$$

式中，H 为活动层厚度（m）；λ 为融土的导热系数[W/（m·℃）]；n 为融化期的系数；DDT_a 为气温的年融化指数（℃·d）；ρ_d 为土壤干容重（kg/m³）；w 为土壤含水量（%）；L 为冰融化的潜热能（J/kg）。

用 Stefan 方法计算活动层厚度主要涉及土的导热系数、n 系数、干容重、融化季节平均气温、土壤含水量等参数，这些参数测量得准确与否直接影响式（4.56）的估算精度。Stefan 方法在全球范围内的冻土区得到了广泛验证，因此其得到了广泛应用。由于 Stefan 方法最初只考虑一层积雪的影响，因此对于多层复杂的土体则不适用。Xie 和 William（2013）提出一种改进的 Stefan 方法——XG 算法，该方法能够用于多层土体的活动层厚度估计。

2. Kudryavtsev 方法

Kudryavtsev 方法是一种半经验模型方法，它在温度的基础上综合考虑了积雪、植被、土壤含水量、土壤热性等因素对活动层厚度的影响，把复杂的大气-冻土系统划分为独立的层，按照各层不同的热力学性质来计算热状况。该方法假设某一时刻的气温可以表示为

$$T_a(t) = \overline{T_a} + A_a \cos[2\pi(t / P)] \qquad (4.57)$$

式中，$\overline{T_a}$ 为年平均气温；A_a 为气温变化幅度；P 为温度变化周期（1 年）。那么季节融合或冻结深度可以表示为

$$H = \frac{2(A_s - \overline{T_H})\left(\sqrt{\dfrac{\lambda PC}{\pi}}\right) + \dfrac{Q_L(2A_H CH_c + Q_L H)\left(\sqrt{\dfrac{\lambda P}{\pi C}}\right)}{2A_H CH_c + Q_L H + (2A_H C + Q_L)\left(\sqrt{\dfrac{\lambda P}{\pi C}}\right)}}{2A_H C + Q_L} \qquad (4.58)$$

式中

$$A_H = \frac{A_s - \overline{T_H}}{\ln\left(\dfrac{A_s Q_L / 2C}{\overline{T_H} + Q_L / 2C}\right)} - \frac{Q_L}{2C} \qquad (4.59)$$

$$H_c = \frac{2(A_s - \overline{T_H})\left(\sqrt{\dfrac{\lambda PC}{\pi}}\right)}{2A_H C + Q_L} \qquad (4.60)$$

式中，H 为冻结或融化深度；A_s 为地表温度年变化幅度；$\overline{T_H}$ 为融化深度处的年平均温度；λ 为土壤导热系数[W/（m·℃）]；C 为土壤的体积热容量[J/（m·℃）]；Q_L 为体积融化潜热（J/m³）。

3. GIPL 2 模型

地球物理研究所冻土实验室模型（Geophysical Institute Permafrost Laboratory 2 Model，GIPL2）（Jafarov et al.，2012）是一种数值瞬态模型，已经广泛应用于点、区域、全球冻土热状态模拟，研究表明该模型在冻土活动层厚度估计具有较好表现（Qin et al.，2017）。GIPL2 模型通过求解含相变的一维热扩散方程来模拟土壤温度和活动层厚度：

$$\frac{\partial H(x,t)}{\partial \tau} = \frac{\partial}{\partial x}\left(k(x,t)\frac{\partial t(x,\tau)}{\partial x}\right) \qquad (4.61)$$

式中，$x \in (x_u, x_l)$ 为随深度变化的空间变量；x_u 和 x_l 为垂直格网的上下边界；$\tau \in (0, T)$ 为时间变量；$t(x, \tau)$ 表示温度；$k(x, t)$ 表示热电导率（W·m⁻¹·K⁻¹）；$H(x, t)$ 为熵函数由如下公式表示：

$$H(x,\tau)=\int_0^t C(x,s)\mathrm{d}s + L*\theta(x,t) \qquad (4.62)$$

式中，$C(x,s)$ 为体积热熔（$\mathrm{M\cdot J\cdot m^{-3}\cdot K^{-1}}$）；$\theta(x,t)$ 为未冻结体积含水量；L 为冻融体积潜热（$\mathrm{M\cdot J\cdot m^{-3}}$）。式（4.61）由边界和初始条件补充，上边界条件由近地表气温时间序列确定，下边界条件由 0.07 ℃/m 的地温梯度确定。相变与在低于 0 ℃的温度范围内发生的冻融过程有关，并由未冻水曲线表示。根据经验未冻水含量具有如下表示形式：

$$\theta(x,t) = \eta(x) \cdot \begin{cases} 1 & t \geqslant t_* \\ a|t|^{-b} & t < t_* \end{cases} \qquad (4.63)$$

式中，a、b 为无量纲正常数；$\eta(x)$ 为融化期体积含水量；常数 $t_*=(1/a)^b$ 表示凝固点，$t \geqslant t_*$ 表示土壤处于未冻结状态。

4.3.3　基于遥感技术的冻土活动层厚度反演方法

实测法和经验模型法在大部分区域都能得到较好的应用，但是由于他们得到的活动层厚度的分辨率通常较粗，无法进行大范围精细监测。随着遥感技术的发展，研究学者尝试使用遥感的手段反演冻土活动层厚度。目前基于遥感技术的活动层厚度反演方法主要有两大类：①经验模型；②结合 InSAR 技术的冻土活动层厚度反演模型。

1. 经验模型

经验模型主要是将遥感观测量（如植被指数、雷达后向散射系数、LiDAR 等）与地面实测的冻土活动层厚度数据进行相关分析，得到一种简单的模型公式（Bartsch et al.，2016；McMichael et al.，1997；Kelley et al.，2004）。Chandana 等（2014）利用机器学习的方法，联合 LiDAR 和 NDVI 数据反演了阿拉斯加地区的活动层厚度，并取得了较好的结果。Widhalm 等（2017）探索了活动层厚度与 TerraSAR-X 的雷达后向散射系数之间的关系，根据两者之间的关联反演得到了 Yamal 地区的活动层厚度，RMSE 为 20 cm，并将该数值结果与基于 Landsat 数据反演的活动层厚度进行比较，结果显示对于活动层厚度较大的区域，基于雷达后向散射系数的结果优于 NDVI 的结果。

2. 结合 InSAR 技术的冻土活动层厚度反演模型

第 2 章分析了冻土冻融作用与地表形变之间的关系，多年冻土的冻胀融沉会引起地表的周期性抬升或下沉，抬升量和下沉量与冻土活动层厚度有直接的关系，同时也受到土壤含水量、孔隙度等因素的影响。通过 InSAR 技术获取地表季节性形变，根据季节性形变反演活动层厚度，这种方法能够获得大范围高分辨率的活动层厚度而不需要实测数据（Schaefer et al.，2015）。目前基于 InSAR 技术的活动层厚度反演模型尚处于探索阶段。

冻土的融沉量是冻土中的冰融化体积减小引起的，在理想状态下，水分子从固态变为液态，体积会减小 9%。忽略降水蒸发对土壤水分的影响，以及土层静态压缩对冻土融沉量的影响，冻土的融解下沉量可以通过活动层中水的总含量变化来表示（Liu et al.，2012，2014）：

$$\Delta z = \int_0^H M_v \frac{\rho_w - \rho_i}{\rho_i} \mathrm{d}h \tag{4.64}$$

式中，M_v 是活动层中的体积含水量；ρ_w 是纯水的密度；ρ_i 是冰的密度；H 是冻土融化深度。通常活动层中的体积含水量随深度的增大而变化。冻土季节性形变量不仅与冻土的冻融深度有关，还与土壤含水量有关。冻土融化深度越深，土壤含水量越大，引起的冻土形变也越大。根据式（4.61）可以估算活动层厚度：

$$H = \Delta z \frac{\rho_i}{M_v (\rho_w - \rho_i)} \tag{4.65}$$

考虑到不同土质类型的孔隙度和饱和度，Liu 等得到了阿拉斯加地区的冻土活动层厚度与地表形变之间的关系（图 4.11）。

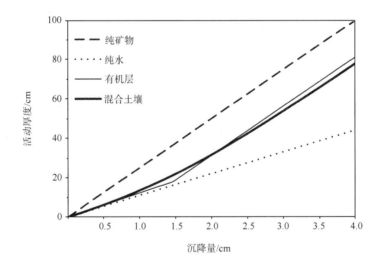

图 4.11　不同土质类型的活动层厚度与地表形变之间的关系（Liu et al.，2012）

Li 等（2015）根据热传导法则建立了冻土形变量、温度传导时间差与活动层厚度之间的关系。根据温度由地表向地下传播存在时间延迟及热传导原理，建立活动层厚度与热传导时间延迟之间的关系：

$$Z = \Delta t \cdot \sqrt{2k \cdot w} \tag{4.66}$$

式中，Z 是活动层厚度；Δt 是地表温度传到地下 Z 处的时间延迟；k 是温度传导率；$w = 2\pi/T$，T 是时间周期 1 年。书中假设这种时间延迟表现为夏季冻土达到最大沉降与地表温度达到最大时间差。通过上述方法得到了青藏高原当雄地区的冻土活动层厚度。该方法为基于 InSAR 方法反演冻土活动层厚度提供了一种新的思路,在地貌环境类型均一的冻土区域能获得较好结果,但是没有考虑不同的土壤类型对温度传导率的影响,同时也没有考虑土壤含水量带来的影响,在复杂地貌环境下有待进一步研究。另外,文中利用正弦函数去模拟冻土的冻融过程也存在一定的问题,冻土的冻融过程并不是严格意义上的正弦函数过程。

4.4　基于 InSAR 技术的冻土活动层厚度反演模型

本节中采用 4.2.2 小节中介绍的用时序 InSAR 方法反演研究区的冻土形变,对研究区融解期的土壤含水量进行分析,并建立不同的模型对不同的地貌类型进行描述,最后结合用 InSAR 技术得到的季节性形变量构建活动层厚度反演模型。

4.4.1　冻土形变模型构建

冬季和夏季青藏高原冻土区的环境和气候会发生剧烈变化,温差会达到 30℃,地表植被和土壤水分也会发生剧烈变化,这导致了严重的时间去相干,是利用 InSAR 技术监测青藏高原形变的最大挑战之一(赵蓉,2014;唐攀攀,2014)。为了获得保持高相干性的干涉条纹图,在进行干涉处理中,尽量选择都在冻土冻胀或融化期间成像的 SAR 图像进行干涉处理,避免将在冻胀期和融解期成像的 SAR 图像进行干涉处理。冬季冻土处于冻结状态,地表环境变化较小,时间去相干的影响较小。在本节中,根据实测的地温数据,假设冻土从 4 月 30 日开始融化,从 10 月 15 日开始冻结。

考虑到青藏高原冻土区冻融作用的影响,需要对传统的时序 InSAR 相位模型(线性形变和高程误差)进行修改。这里将冻土的形变分为长时间的线性形变和短时间的季节性形变,对于在 K^{th} 干涉条纹图中的任一点,扩展后的相位模型可以表示为

$$\Delta\varphi_{\text{model}} = \Delta\varphi_{\text{annual}} + \Delta\varphi_{\varepsilon} + \Delta\varphi_{\text{seasonal}} \tag{4.67}$$

式中,$\Delta\varphi_{\text{model}}$ 为差分相位模型;$\Delta\varphi_{\text{annual}}$ 是长时间缓慢形变;$\Delta\varphi_{\varepsilon}$ 是高程误差;$\Delta\varphi_{\text{seasonal}}$ 是季节性形变量。根据 Stefan 模型,建立冻融时间平方根成线性关系的季节形变模型,那么修改后的相位模型可以表示为(Liu et al.,2010;Yuan,2011):

$$\Delta\varphi_{\text{model}} = v(t_2 - t_1) + \frac{4\pi}{\lambda}\left(\frac{B_{\perp}\Delta\varepsilon}{R\sin\theta} + E_t(\sqrt{\text{DDT}_2} - \sqrt{\text{DDT}_1})\right) \tag{4.68}$$

$$\Delta\varphi_{\text{model}} = v(t_2 - t_1) + \frac{4\pi}{\lambda}\left(\frac{B_{\perp}\Delta\varepsilon}{R\sin\theta} - E_f(\sqrt{\text{DDF}_2} - \sqrt{\text{DDF}_1})\right) \tag{4.69}$$

$$\Delta\varphi_{\text{model}} = v(t_2 - t_1) + \frac{4\pi}{\lambda}\left(\frac{B_{\perp}\Delta\varepsilon}{R\sin\theta} + E_t(\sqrt{\text{DDT}_2} - \sqrt{\text{DDT}_1}) - E_f(\sqrt{\text{DDF}_2} - \sqrt{\text{DDF}_1})\right) \tag{4.70}$$

式中,v 是长时间形变速率;t_1 和 t_2 分别是主、辅 SAR 图像成像时间;λ 是波长;B 是垂直基线;R 是斜距;θ 是入射角;$\Delta\varepsilon$ 是高程误差;E_t 是融化形变因子;E_f 是冻胀形变因子;DDT 和 DDF 分别是融化指数和冻胀指数。融化/冻结指数是指融化/冻胀季节日

平均地表温度的累计值（赵红岩等，2008）。其中式（4.68）表示主、辅 SAR 图像均在融化季节成像的形变模型，式（4.69）表示主、辅 SAR 图像均在冻胀季节成像的形变模型，式（4.70）表示主、辅 SAR 图像在不同的冻融季节成像的形变相位模型。在处理过程中，我们对冻胀指数和融化指数进行归一化处理，使用归一化冻胀指数和融化指数用于方程求解。与前人（Liu et al.，2010；Yuan，2011）的研究工作不同的是，本节使用了包含完整的冻土冻胀和融解作用周期的 SAR 数据，能够使估计模型的形变参数更加准确。

为了提高时间相关性，在每个相邻 CT 点连接之间建立一个干涉连接模型（Tao et al.，2012）：

$$x_n(p_k, p_t) = |\gamma_n(p_k) + \gamma_n(p_t)| \tag{4.71}$$

式中，$x_n(p_k, p_t)$ 是 n^{th} 干涉条纹图中边（p_k, p_t）的相位连接；$\gamma_n(p_k)$ 和 $\gamma_n(p_t)$ 是点 p_k 和 p_t 在 n^{th} 干涉条纹图中的相干性。建立上述线性相位模型后，那么每个相干点的形变参数和高程误差可以通过以下方程进行求解：

$$\xi = \left| \frac{1}{N} \sum_{k=1}^{N} x_k \cdot \exp\left[j(\Delta\varphi_{phase}^k - \Delta\varphi_{model}^k) \right] \right| \Bigg/ \sum_{k=1}^{N} x_k \tag{4.72}$$

式中，N 是干涉相位总数；$\Delta\varphi_{phase}^k$ 是 k^{th} 干涉条纹图中相邻两点的相位差。式（4.72）的最大化绝对值是时间相干性。三角网中每一条边最优化估计完成后，对每一条边进行最优化评估，对于时间相干性小于一定阈值的边进行去除。在该研究中，将时间相干性的阈值设为 0.7。当所有边的形变参数估计完成后，通过增量集成即可获得每个 CT 点的线性形变、季节性形变和高程误差。

4.4.2　活动层厚度与冻土地表形变的关系

2.1.3 节分析了多年冻土周期性冻结和融解直观表现为地表的抬升和下沉，并且冻土抬升量/下沉量的大小与冻土的冻胀和融化深度（活动层厚度）有直接的关系，同时还与其他环境因子有关系，如温度、积雪覆盖、植被覆盖、土壤土质、土壤含水量等（张中琼和吴青柏，2012）。冻土的冻融作用是一个极其复杂的过程，与众多环境因子有关，很难建立统一的模型对其进行描述。本节尝试将冻土活动层厚度与冻土的季节性形变量建立关系，通过形变量来反演活动层厚度，同时考虑土壤孔隙度和含水量两个核心环境因素的影响。

由式（4.64）可以看出，求解活动层厚度需要同时考虑冻土融化沉降量和冻土中的土壤含水量。假设冻土地下土壤含水量不随深度增加而不变，根据式（4.65）模拟的不同土壤含水量条件下冻土形变量与活动层厚度之间的关系如图 4.12 所示。在土壤含水量分别是 0.4 的情况下，冻土融化 65 cm 就能引起 30 mm 的形变量，而在土壤含水量为 0.05

的情况下，冻土需要融化至地下 540 cm 才能引起 30 mm 的形变量。可以看到，在土壤形变量一定的情况下，土壤含水量的变化对于冻土活动层反演的影响很大。反演的冻土活动层厚度与季节性形变量呈正相关关系，与土壤含水量呈负相关关系，因此在反演冻土活动层厚度时需要考虑土壤含水量的影响。

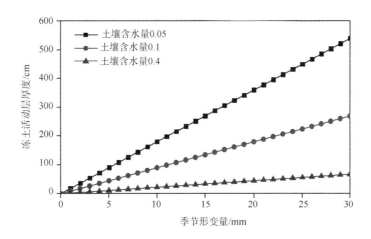

图 4.12　不同土壤含水量条件下冻土季节形变量与活动层厚度之间的关系

　　Liu 等（2012）利用 InSAR 获得的冻土季节性形变量反演阿拉斯加普拉德霍湾的冻土活动层厚度时，假设在融化季节冻土土壤含水量处于饱和状态，该地区靠近水域，冻土含水量高，因此假设冻土融化季节土壤含水量处于饱和状态是比较合理的。而在青藏高原地区，特别是在北麓河研究区中，夏季大部分地区冻土土壤含水量不处于饱和状态，且土壤类型和土壤含水量分布差异较大。根据第 3 章的研究结果可知，在北麓河研究区，60% 的面积是荒漠区，整个夏季荒漠区的地表土壤含水量都较小，含水量在 0.1 以下，夏季草甸区的土壤含水量较高，达到了 0.25 以上，草甸区地下土壤含水量则更高，在接近多年冻土上限附近土壤含水量接近饱和状态。若对全区域土壤水分使用统一的水分含量值的话，在冻土活动层厚度反演中会引起较大的误差。因此需要对不同土壤和地貌类型的土壤水分进行探讨。需要指出，地下土壤含水量通常不是定值，土壤水分随深度的增加而变化。在考虑土壤水分时不仅要考虑地表含水量的情况，更要考虑土壤水分沿深度的垂直分布情况。

4.4.3　冻土地下土壤含水量模型

　　在青藏高原多年冻土区，由于多年冻土层的存在，地下水的含量分布规律极其复杂，不同的地貌覆盖条件下的地下水分布情况差异特别大，需要针对不同的情况进行分析。有研究表明，在多年冻土区，随着植被覆盖度的降低，多年冻土活动层冻结积分减少，而季节冻土深度积分增加（胡宏昌等，2009）。多年冻土区植被覆盖度的变化改变了冻土活动层的水热变化过程，活动层对植被覆盖度的响应也不一致，通常草甸区的冻土开始融化时间比荒漠区要晚。根据北麓河研究区的植被覆盖度情况,将研究区的地貌类型大致分为两大类:草甸区和荒漠区。草甸区分布在研究区西南部地势较平缓的区域,植被覆盖度在 80%以上。荒漠区地表多被碎石和稀疏植被覆盖,群落覆盖度小,一般不足 10%,荒漠区占该研究区面积的 70%以上,关于研究区的地表环境可参考第 2 章中的详细介绍。下面分别对研究区草甸区和荒漠区的地下土壤含水量分布进行讨论。

共收集了研究区草甸区和荒漠区实测点 2014 年 5 月~2016 年 8 月的地下土壤含水量分布数据,观测点相关参数如表 4.1 所示。在冻结季节,地下水处于冻结状态,不存在液态水,因此本节仅考虑夏季冰融化季节地下水含量分布。用土壤水分监测仪监测草甸区土层深度为 5 cm、20 cm、50 cm、80 cm、120 cm、150 cm、180 cm,荒漠区监测土层深度为 10 cm、20 cm、40 cm、80 cm、160 cm。

表 4.1　观测点相关参数

地貌类型	植被覆盖度/%	监测土层深度/cm	地理位置
高原草甸	80	5、20、50、80、120、150、180	34.823770°N,92.929900°E
高原荒漠	10	10、20、40、80、160	34.829326°N,92.932670°E

草甸区观测点 2014 年和 2015 年冻土融化期(5 月、8 月和 10 月)的地下土壤含水量剖面如图 4.13 所示。可以看到,在多年冻土草甸区融化过程中的不同时期,地下土壤含水量分布表现出相似性。在融化初期(5 月),各层土壤含水量急剧变化,地表处的土壤含水量超过 0.2,地下 20 cm 左右的土壤含水量最大,达到了 0.35 以上,随后随着深度增加,土壤含水量减小,约在 0.1 达到最小。在冻土融化初期,冻土表层开始融化,而地下深处冻土则没有开始融化,因此表层的土壤水分较大,地下深处的土壤水分值较小,此时地下土壤水分处于冻结状态。融化中期(8 月)的地下土壤含水量分布与融化初期相比整体上表现出相似性,不同的是融化中期地表土壤水分在 50 cm 处最大,然后随着深度增加,土壤水分减少,直至稳定。可以看到,随着冻土融化的进行,融化锋面不断下移,在融化阶段末期,在多年冻土上限附近土壤水分大量堆积,土壤含水量达到了 0.3。随着活动层由地表向下融化过程的逐渐发展,停滞于融化锋面之上的水分除在土壤毛细作用和植物根系吸附作用下向上迁移到地表蒸发以外,大部分水分在重力作用下随着融化封面的下移而向下迁移,最后在活动层底部形成积累区。对比 2014 年和 2015 年融化期地下土壤含水量随深度的变化图,发现两者表现出明显的一致性,说明地下土壤含水量分布在年际间变化较小。

荒漠区观测点 2014 年和 2015 年融化期的地下土壤含水量如图 4.14 所示。可以看到,在多年冻土荒漠区,融化过程各个阶段的地下土壤含水量分布表现出一致性。在地下 10 cm 处,土壤含水量在 0.15 左右,随着深度的增加,土壤含水量下降,在 20~40 cm 处达到最小,约为 0.1 左右;最后随着深度的增加,土壤含水量增大,达到了 0.2 以上,甚至超过 0.3。

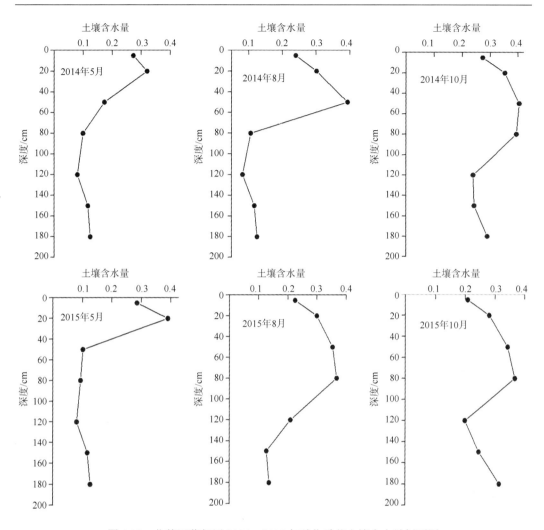

图 4.13　北麓河草甸区 2014～2015 年融化季节土壤含水量剖面图

对比图 4.13 和图 4.14,可以看到荒漠区的土壤含水量在融化期的变化趋势与草甸区的截然不同。在草甸区,在地下 40～60 cm 处,土壤含水量达到最大值,然后随着深度的增加,土壤含水量降低;而在荒漠区,在地下 20～40 cm 处,土壤含水量达到最小,然后随着深度的增加土壤含水量增大。这种地下土壤含水量的差异是由各层土壤的性质差异导致的,包括土壤物质组成、土壤孔隙度及土壤颗粒大小等。图 4.15 是研究区草甸区和荒漠区纵剖面野外照片,可以看到草甸区活动层表层是一层草根腐质层,厚度达到20 cm,高寒草甸根系发达,涵水能力强,因而在地表 0～60 cm 附近土壤含水量特别高;而在荒漠区,表层主要为碎石和砂石,土壤孔隙率大,涵水能力差,因而在荒漠区表层土壤含水量较低。王根绪等（2006）的研究表明土壤表层的土壤含水量随植被覆盖度增大而增大,在土壤深处土壤含水量与植被覆盖度没有明显的依存关系。

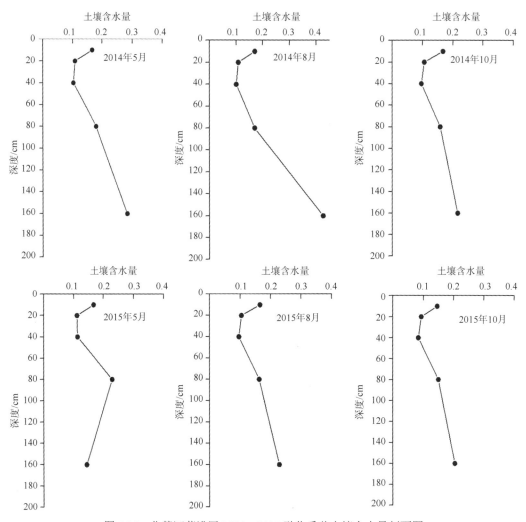

图 4.14 北麓河荒漠区 2014～2015 融化季节土壤含水量剖面图

草甸区   荒漠区

图 4.15 研究区草甸区和荒漠区野外剖面照片

　　通过以上分析，发现不同土质类型的地下土壤含水量均表现出分层性，每层的土壤含水量变化不同。根据土壤剖面及土壤水分表现的分层性，草甸区地下土壤含水量可以分为 3 层：0~60 cm、60~120 cm、120~180 cm，荒漠区地下土壤含水量可以分为 2 层：0~40 cm 和 40~300 cm。草甸区与荒漠区的冻土土壤水分差异主要是由草甸表层土壤类型及草根腐殖层对土壤水分的影响引起的。草甸区另外两层的土壤水分变化与荒漠区土壤水分变化形式一致，都表现为随地下深度增加先降低后增加趋势，可以认为草甸区草根腐殖层以下的土壤类型与荒漠区的土壤类型一致。活动层底部附近，自由水在此处聚集，土壤含水量通常达到了饱和状态（赵林和程国栋，2000）。根据张明礼等（2015）的研究，草甸区地下深度 110 cm 处的土壤以亚黏土为主。亚黏土达到饱和状态的土壤含水量约为 0.4，多年冻土上限附近的土壤含水量设置为 0.4。

　　通过以上分析，使用分层建模对冻土融化末期的地下土壤含水量进行描述。对于草甸区，建立如下模型描述融化末期土壤含水量随地下深度的变化：

$$S_{\text{meadow}} = \begin{cases} S_0 \exp(k_1 z) & (z < H_{d_1}) \\ S_{\max} \exp(-k_2 z) & (H_{d_1} < z < H_{d_2}) \\ \dfrac{S_{\max} - S_{\min}}{H_{\max} - H_{d_2}}(z - H_{d_2}) + S_{\min} & (z > H_{d_2}) \end{cases} \tag{4.73}$$

式中，S_0 是地表土壤含水量；$S_{\min}$ 和 $S_{\max}$ 是草甸区地下活动层土壤含水量的最小值和最大值；k_1 和 k_2 是经验常数；H_{d_1} 和 H_{d_2} 是地下土壤水分变化的地层深度；$H_{\max}$ 是荒漠区活动层厚度。根据草甸区的实测数据和前人研究，式中 $S_{\max}$ 和 $S_{\min}$ 分别取值为 0.4 和 0.2，H_{d_1}、H_{d_2} 和 $H_{\max}$ 分别取值为 0.6 m、1.2 m 和 2 m。认为超过冻融最大深度的土壤水分处于饱和状态。

　　对于荒漠区，建立如下地下土壤含水量模型：

$$S_{\text{desert}} = \begin{cases} S_0 \exp(-kz) & (z < H_d) \\ \dfrac{S_{\max} - S_{\min}}{H_{\max} - H_d}(z - H_d) + S_{\min} & (z > H_d) \end{cases} \tag{4.74}$$

式中，S_0 是地表土壤含水量；$S_{\min}$ 和 $S_{\max}$ 分别是荒漠区透水层和活动层下限处的土壤含水量；k 是一个经验常数；H_d 是荒漠区透水层的厚度；$H_{\max}$ 是荒漠区活动层厚度。根据实测数据和前人研究，荒漠区活动层厚度通常在 3 m 左右。因此在该研究中，H_d 取值为 0.4 m，$H_{\max}$ 取值为 3 m；$S_{\max}$ 取值为 0.4，$S_{\min}$ 取值为 0.1。

　　根据 Wu 和 Zhang（2010）的研究，对于草甸区，设定其最大冻融深度为 2 m，荒漠区最大冻融深度设为 3 m。根据第 3 章反演的研究区不同时相的土壤表层含水量结果，估算了 2014 年 10 月和 2015 年 10 月，草甸区和荒漠区的地表土壤含水量分别为 0.25 和 0.15，这两个值作为草甸区和荒漠区的地表土壤含水量输入值。图 4.16 是建立土壤含水量模型模拟的冻土融化末期草甸区和荒漠区地下土壤含水量剖面图。将模型模拟的融化末期的地下土壤水含量与实测数据进行比较，精度评价如表 4.2 所示。将在草甸区模拟的地下土壤含水量与 2014 年和 2015 年的实测数据进行拟合，R^2 分别达到了 0.51 和 0.75，荒漠区的 R^2 分别达到了 0.86 和 0.85，可以看到，建立的冻土融化末期的地下土壤水分模型能够较好地与实测数据吻合，证实了模型的有效性。

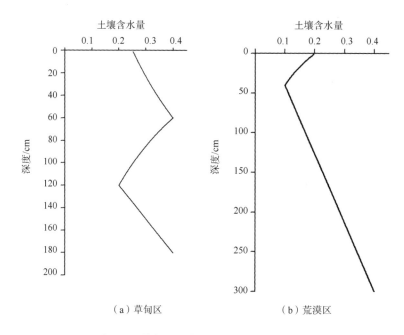

（a）草甸区　　　　　　（b）荒漠区

图 4.16　草甸区和荒漠区模拟地下水含量图

表 4.2　模型的精度评价

类型	时间	RMES/%	Bias/%	R^2
草甸区	2014 年 10 月	5.4	4.5	0.51
	2015 年 10 月	3.6	3	0.75
荒漠区	2014 年 10 月	2	2.5	0.86
	2015 年 10 月	2.1	1.5	0.85

4.4.4　冻土活动层厚度反演模型

建立地下土壤含水量模型后，结合形变量对式（4.64）进行积分即可得到季节性形变量与活动层厚度之间的关系，如图 4.17 所示。可以看到，考虑地下土壤水分变化因素后，活动层厚度与季节性形变量之间并不是简单的线性关系，是一种非线性关系。这种非线性关系在草甸区和荒漠区表现出差异性，主要是两种地貌类型下的土壤水分和土壤类型不同导致的。

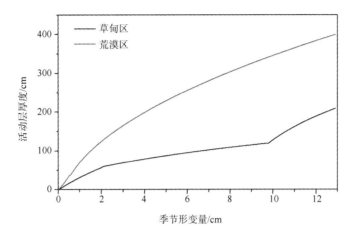

图 4.17　高原草甸区和荒漠区冻土季节性形变量与活动层厚度的关系

本章中冻土活动层厚度反演算法处理流程如图 4.18 所示。首先利用时序 InSAR 方法得到研究区的季节性形变，然后使用 SAR 图像的幅度图对研究区的地貌类型进行分类，针对不同地貌类型的土壤类型，并结合地下水含量监测数据，建立地下土壤含水量模型，最后根据建立的活动层反演模型得到研究区的多年冻土区活动层厚度。

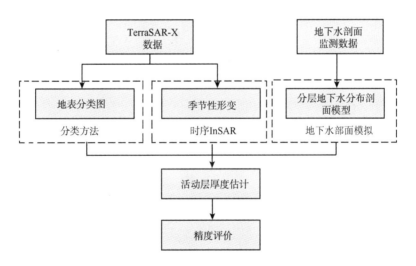

图 4.18　活动层厚度反演流程图

4.5　北麓河地区活动层厚度反演结果及分析

4.5.1　北麓河地区冻土形变量

基于本节介绍的形变反演算法及实验数据得到了实验区形变信息。在进行形变参数集成时，选取铁路桥墩作为参考点。图 4.19 给出了实验区的雷达视线向年沉降速率、冻

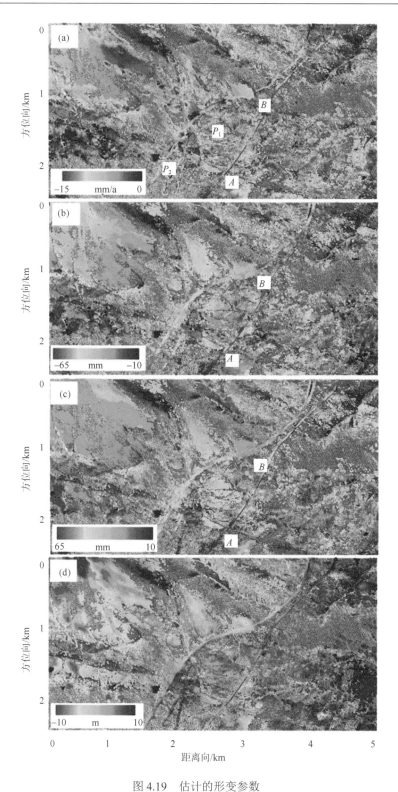

图 4.19　估计的形变参数

（a）年沉降速率；（b）冻土融化下沉量；（c）冻土冻胀抬升量；（d）DEM 误差

土融化下沉量、冻土冻胀抬升量及 DEM 误差，背景图为 SAR 数据的平均幅度图，图中的点代表通过相干系数阈值法所选取的相干点目标。可以看到，高相干点主要分布在青藏铁路、青藏公路、坡脚以及稀疏植被荒漠区。整体上，高相干点分布较均匀，便于形变规律分析。

图 4.19（a）是年沉降速率图，变化范围为-15～0 mm/a。研究区的年沉降速率与全球气候变暖有关，有研究表明青藏高原地区在过去 30 年年均气温上升了 0.3～0.4 ℃。整体上，研究区年沉降速率还表现出差异性，表明其变化除了受气温上升的影响以外，还受其他因素的影响，如土质、地形和地下水。研究区的草甸区和支流附近区域（图中的 A 和 B 区域）年平均沉降速率较大，达到了-1 cm/a。因为该区域的冻土含水量较高，同时受到人类活动和地表径流等因素的影响，多年冻土层发生剧烈变化，因而产生了显著的沉降现象。在稀疏植被荒漠区，土壤含水量较低，人类活动较少，只在气候变暖的作用下发生缓慢形变，整体表现稳定。

图 4.19（b）和图 4.19（c）分别是研究区的暖季冻土融化下沉量和冷季冻土冻胀抬升量。对比图 4.19（b）和图 4.19（c），整体上暖季冻土融化下沉量和冷季冻土冻胀抬升量基本达到平衡，季节性变化幅度超过了 6.5 cm。冻土季节性形变与冻土的土壤含水量有关，Liu 等的研究表明夏季冻土融化会导致地下水体积减少 9%（Liu et al.，2010）。冻土中的土壤含水量越高，夏季冻土融化导致的下沉量则越大。草甸区属于高含冰冻土区，因此其季节性形变量较大，接近 6 cm。坡脚处由于土壤含水量较小，冻胀作用不剧烈，因而表现出较小的季节性形变。季节性沉降量变化趋势与年沉降速率类似，但是在局部细节上有差异，特别是在铁路桥处，这种差异更加明显。在铁路路桥过渡段，年沉降速率表现出很大的差异性，而在季节性沉降速率图中，则没有观测到这种差异性。这是由于年沉降速率是一个长时间累积的过程，由于光照和其他因素的不同，铁路路桥过渡段表现出较大的沉降量。图 4.19（d）是估计的研究区 DEM 误差，整个研究区的 DEM 误差介于-10～10 m，与 SRTM DEM 数据±10 m 的高程精度相符。

图 4.20 是我们选取的两个典型地物的形变序列图，P_1 点位于冻土工程国家重点实验室附近，P_2 点位于冻土试验路基上，具体位置见图 4.19（a）。形变曲线的形状与冻胀和融化指数曲线形状类似。我们观测到，国家冻土实验站附近的点比较稳定，年沉降速率小于-4 mm，但是仍然有比较明显的季节性形变，季节性形变量约为 17 mm；位于冻土试验路基的点有明显的下沉趋势，年沉降速量超过-22 mm，整体看，其形变变化趋势与研究区一致，以一年为周期呈现周期性变化，季节形变量约为 24 mm。选取的两个点代表研究区两种典型沉降类型。冻土工程国家重点实验室所在的位置地势较高，土壤含水量较小，整体区域稳定，因而年沉降速率较小。试验路基位于草甸区，地势较低，活动层富含冰，夏季冻土融化形成的液态水均在此处聚集，同时受到人类活动的影响，其冻土的热平衡被破坏，因而表现出较大的沉降速率。

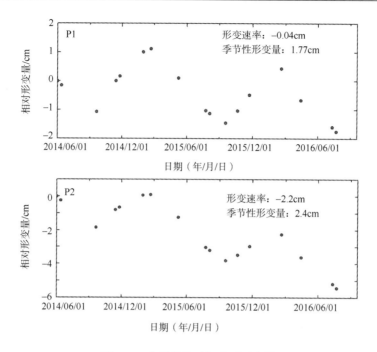

图 4.20 典型地物时间序列形变图

研究区在 2014~2016 年的时间序列形变如图 4.21 所示。可以看到，研究区整体的形变呈现出季节性，季节性形变幅度在 10 月初达到最大，最大值达到了 70 mm。4~10 月随着气温升高，活动层开始吸收热量，冻土中的固态水分子开始融化，冻土体积缩小，地表表面表现出下沉。10 月到第二年 4 月是冻土冻结过程，随着空气温度降低，冻土表层温度开始下降，同时地下低温向上传导，开始从上向下和从下往上的双向冻结过程，活动层中土壤水分子冻结体积增大进而导致冻土体积膨胀，地表表现为冻胀抬升，多年冻土区的冻土冻胀过程较快，一般到 11 月底就完成，然后这种稳定状态一直持续到次年 2 月、3 月。

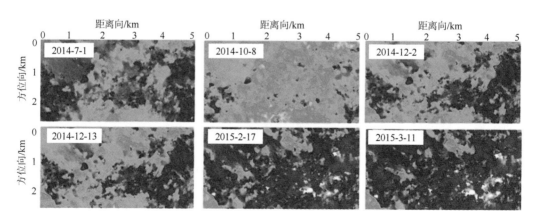

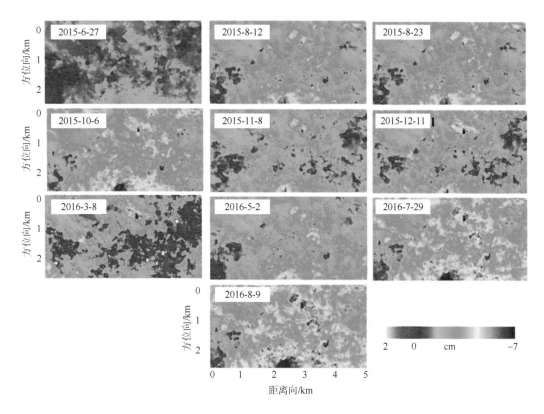

图 4.21　研究区时间序列形变插值图（相对于第一幅 SAR 图像成像时间）

4.5.2　北麓河地区冻土活动层反演结果

首先利用 SAR 幅度图对研究区地物进行分类。为了便于模型计算，根据野外调查分析，研究区的地物类型大致分为草甸区和荒漠区，这两种类型对应的土壤土质及土壤含水量是不一样的。图 4.22（a）是研究区 2015 年 2 月 27 日成像的 SAR 幅度图。可以看到，在冬季，研究区地物对比度非常明显。研究区南部高寒草甸处于干枯状态，雷达后向散射较弱，在图像中亮度较低；在荒漠区，地表多被碎石覆盖，雷达后向散射较强，在图像中亮度较高。冬季冻融湖表面处于冻结状态，在 SAR 图像中表现出强散射，因而在幅度图中较亮。另外，在 SAR 图像中可以看到，草甸区和荒漠区之间存在明显的分界线，这种典型的地貌分界主要是由地形、土壤类型及冻土冻融共同作用形成的。因此使用研究区冬季的 SAR 幅度图，采用 K-means 分类算法（Jiang et al.，2017），即可获取研究区的分类图像。图 4.22（a）中的 P_1 点和 P_2 点分别是荒漠区和草甸区的地下土壤水分观测点的位置。

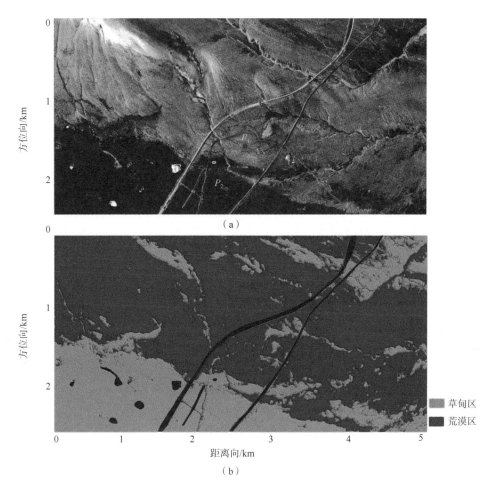

图 4.22　研究区幅度图（a）与分类结果（b）

　　图 4.22（b）是采用 K-means 分割方法得到的研究区分类结果，图中黑色区域是掩膜掉的青藏铁路、青藏公路、实验路基和冻融湖区域。可以看到，得到了较好的分类结果，草甸区基本上位于研究区南部，研究区东北部有少量草甸。使用 Google 光学地图对分类精度进行评价，结果显示草甸区分类精度为 96.3%，荒漠区分类精度为 98.8%，总体分类精度达到了 97.55%。

　　根据时序 InSAR 方法获取的形变结果，北麓河研究区表现出明显的季节性形变，同时整体上在气候变化的影响下表现出缓慢的永久性沉降。整个形变的过程与温度的变化一致，4～10 月随着气温升高，冻土中的固态水分子开始融化，冻土体积缩小导致地表沉降；研究区从 10 月到第二年 4 月是冻土冻结过程，地表表现为抬升。图 4.23 是估算的研究区的融化季节性形变量，形变量已经被投影到地表垂直方向。研究区大部分季节性形变量变化范围在 −9～−1 cm。冻土季节性形变与冻土的土壤含水量有关，草甸区的季节性形变量达到了 −9 cm，荒漠区的季节性形变量则较小，约为 −2 cm。

图 4.23　研究区夏季融沉垂直向形变量

根据 4.4 节中建立的冻土土壤水分变化模型和 2015 年 10 月估算的冻土融化引起的最大季节性形变量，得到了研究 2015 年 10 月冻土最大融化深度，如图 4.24 所示。研究区的活动层厚度在 50~430 cm 变化，均值为 255 cm。估算草甸区的活动层厚度在 80~250 cm 变化，荒漠区的活动层厚度在 200~400 cm 变化。估算的活动层厚度的空间分布与图 4.23 的季节性形变量空间分布类似，夏季活动层融化深度越深，冻土季节性形变量越大。另外，土壤含水量对活动层厚度反演影响较大，草甸区的季节性形变量较大，而反演的活动层厚度则较小，这是土壤含水量较高导致的。草甸区活动层中土壤含水量较大，根据式（4.61）可知，冻融深度小也会导致很大的季节性形变量。

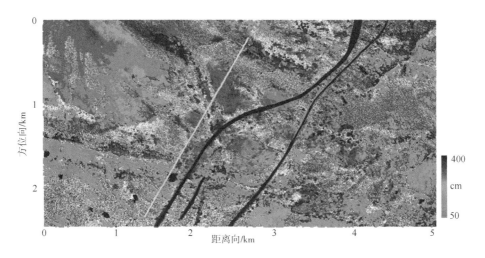

图 4.24　估计的研究区活动层厚度

4.5.3　北麓河地区活动层分布特点

图 4.25 是根据分类结果统计的草甸区和荒漠区的活动层厚度直方图。可以看到草甸区活动层厚度平均值为 150 cm，荒漠区活动层厚度平均值为 280 cm。草甸区活动层厚度的直方图不符合正太分布，表明草甸区的活动层厚度估计值误差较大，这是由草甸区的形变量估计误差较大引起的。草甸区在冻土冻融周期内地表散射变化较大，受到时间去相干的影响较大，因而草甸区的形变参数估计精度受到影响。荒漠区的活动层厚度直方图近似呈正太分布，变化范围为 100～400 cm。

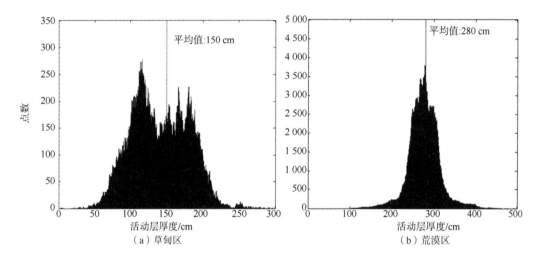

图 4.25　草甸区和荒漠区活动层厚度统计直方图

图 4.26 是估计活动层厚度沿 AA' 的剖面线图，剖面线的位置见图 4.24。在图 4.25 中可以看到，估计的活动层厚度在荒漠区和草甸区有一个明显的分界线。在荒漠区，活动层厚度在 300 m 附近变化，在荒漠区中靠近水域的区域，活动层厚度在 150 cm 左右。沿着 AA' 的草甸区，活动层厚度在 150 cm 附近变化。

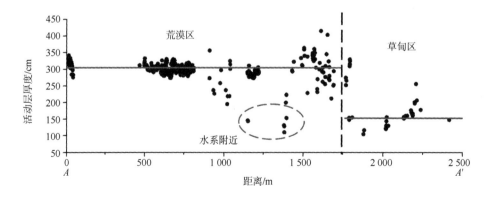

图 4.26　估计活动层厚度沿 AA' 剖面图

北麓河研究区有两个实测点，分别位于草甸区和荒漠区，如图 4.22（a）所示。在测量点分别测量地下土壤含水量和地温的变化，根据夏季冻土地下温度的位置即可估算多冻土融化深度（活动层厚度）。在 P_1 点和 P_2 点记录的 2015 年 10 月 6 日的活动层融化深度分别为 3.1 m 和 2 m。估计 P_1 点和 P_2 点的活动层厚度分别为 2.8 m 和 1.5 m，误差分别 0.3 m 和 0.5 m。草甸区的活动活动层厚度估计值误差较大，分析可能有两个方面原因。一方面，计算冻胀和融化指数时，对于北麓河研究区，使用了统一的开始冻胀和融化时间，实际上，不同植被覆盖条件下冻土开始融化和冻胀的时间有变化，通常草甸区冻土的开始融化时间比荒漠区要晚。陆子建等（2006）的研究表明，北麓河草甸区融化期比非草甸区融化期短，相差半个月。假设 5 月 1 日为草甸区冻土的开始融化时间，导致草甸区冻土的融化指数值偏小，以及导致估计融沉形变值偏小，进而影响了活动层厚度的反演精度。另一方面，草甸区受时间去相干影响较严重导致形变量估计误差较大。草甸区冻胀和融化季节地表散射变化较大，虽然应用相干系数法在草甸区选取了少量相干点，但是干涉相位图，特别是不同冻融季节的干涉相位中的草甸区，噪声比较严重，导致了草甸区形变参数误差较大，其活动层反演精度受到影响。

另外，Wu 和 Zhang（2010）利用活动层厚度与融化指数的直接关系，估算出青藏铁路沿线的活动层厚度平均约为 2.41 m，北麓河气象站的活动层厚度为 3.2～3.5 m。罗京等（2012）利用探地雷达技术对北麓河研究区一处典型的冻融湖（图 2.4）周围的多年冻土进行探测，结果显示冻融湖周围的多年冻土上限为地下深度 2～2.3 m 附近。Wu 等（2015）对北麓河 2002～2012 年不同地貌环境的活动层厚度和近地表永久冻土进行研究，结果显示草甸区的活动层厚度为 2.11 m，平均增加速度为 3.96 cm/a，荒漠区的活动层厚度为 3.38 m，平均增加速度为 1.89 cm/a。与本章的估算结果吻合，表明了本章提出的活动层厚度反演模型计算结果的有效性。

在本章中，利用时序 InSAR 技术获取冻土季节性形变，并结合构建冻土融化末期地下土壤含水量模型反演了研究区的活动层厚度，但是仍然存在以下不足。

（1）在进行 InSAR 形变模型构建时，将冻土形变分为长时间缓慢形变和季节性形变，长时间缓慢形变在 2 年内（SAR 的时间覆盖范围）较小，因此会对最后的结果产生一定的误差影响。使用较长时间覆盖的 SAR 数据能够得到更加准确的 InSAR 结果，进而可以获得更高的活动层反演精度。另外，本章使用的是 X 波段的 SAR 数据，X 波段波长较短，容易受时间去相干的影响，若使用较长波段的 SAR 数据（ALOS），则可能会得到更好的结果（Tang et al.，2017）。

（2）在本章反演冻土活动层厚度中，假设研究区地表覆盖类型为草甸区和荒漠区，对两种典型地貌的地下水含量数据构建相应的地下水变化模型。两类地貌类型的地下水观测点只有两个，代表性不强，可能导致地下水的估计量产生一定误差，未来考虑使用更多的不同类型的地下土壤水分观测点数据进行建模。另外，研究区还存在其他地貌类型，其土壤水分变化可能介于草甸区和荒漠区之间，没有针对这种地貌类型构建地下土壤水分模型。

（3）假设冻土中固态冰融化都转化为液态水，也没有考虑到水分蒸发及降水对土壤水分的影响，这些假设也会影响最终计算结果的精度，未来需要考虑水分蒸发的影响。

4.6　本　章　小　结

本章针对多年冻土区活动层厚度反演这一目标,开展了基于 InSAR 技术的活动层厚度反演关键技术研究。

(1)针对目前基于 InSAR 技术反演活动层厚度中存在的如何正确计算土壤含水量的问题,提出了针对不同地貌类型的活动层地下土壤水分模型。针对不同地貌类型的土壤,基于北麓河地区地下土壤含水量实测数据,根据土壤分层思想构建了不同地貌下的地下土壤含水量模型,最后结合时序 InSAR 技术反演得到的研究区季节性形变反演得到研究区的活动层厚度。对地下土壤含水量进行定量描述,使得构建的活动层厚度反演模型更加接近实际环境,进一步提高了青藏高原多年冻土区活动层厚度的估算精度。

(2)以北麓河冻土区为研究区,开展基于 InSAR 技术的活动层厚度反演应用。研究结果显示,研究区的活动层厚度在 50~450 cm 变化,均值为 265 cm。其中草甸区的活动层厚度均值为 150 cm 左右,荒漠区的活动层厚度均值为 300 cm,估算的结果与测量值大小吻合。提出的方法可用于大面积的冻土形变监测及冻土活动层厚度反演,为青藏高原多年冻土环境研究提供了一种新的思路,能够从全局范围内提升对青藏高原冻土环境和活动层厚度变化趋势的认识。

参 考 文 献

程国栋. 1984. 我国高海拔多年冻土地带性规律之探讨. 地理学报, 39(2): 185-193.

胡宏昌, 王根绪, 王一博, 等. 2009. 江河源区典型多年冻土和季节冻土区水热过程对植被盖度的响应. 科学通报, (2): 242-250.

焦世晖, 王凌越, 刘耕年. 2016. 全球变暖背景下青藏高原多年冻土分布变化预测. 北京大学学报(自然科学版), 52(2): 249-256.

刘皓男. 2017. 利用探地雷达技术进行青藏公路与高原冻土相互影响研究. 北京: 中国地质大学(北京)硕士学位论文.

陆子建, 吴青柏, 盛煜, 等. 2006. 青藏高原北麓河附近不同地表覆被下活动层的水热差异研究. 冰川冻土, 28(5): 642-647.

罗京, 牛富俊, 林战举, 等. 2012. 青藏高原北麓河地区典型热融湖塘周边多年冻土特征研究. 冰川冻土, 34(5): 1110-1117.

庞强强, 李述训, 吴通华, 等. 2006. 青藏高原冻土区活动层厚度分布模拟. 冰川冻土, 28(3): 390-395.

王超, 张红, 刘智. 2002. 星载合成孔径雷达干涉测量. 北京: 科学出版社.

王澄海, 靳双龙, 吴忠元, 等. 2009. 估算冻结(融化)深度方法的比较及在中国地区的修正和应用. 地球科学进展, 24(2): 132-140.

王根绪, 李元首, 吴青柏, 等. 2006. 青藏高原冻土区冻土与植被的关系及其对高寒生态系统的影响. 中国科学: 地球科学, 36(8): 743-754.

王绍令. 1997. 青藏高原冻土退化的研究. 地球科学进展, 12(2): 164-167.

吴青柏, 刘永智, 施斌, 等. 2002. 青藏公路多年冻土区冻土工程研究新进展. 工程地质学报, 10(1), 55-61.

吴青柏, 牛富俊. 2013. 青藏高原多年冻土变化与工程稳定性. 科学通报, 58(2): 115-130.

谢酬, 李震, 李新武. 2009. 青藏高原冻土形变监测的永久散射体方法研究. 武汉大学学报信息科学版, 34(10): 1199-1203.

杨建平, 杨岁桥, 李曼, 等. 2013. 中国冻土对气候变化的脆弱性. 冰川冻土, 35(6): 1436-1445.

姚檀栋, 陈发虎, 崔鹏, 等. 2017. 从青藏高原到第三极和泛第三极. 中国科学院院刊, 32(9): 924-931.

张明礼, 温智, 薛珂. 2015. 北麓河多年冻土活动层水热迁移规律分析. 干旱区资源与环境, 29(9): 176-181.

张正加. 2017. 高分辨率 SAR 数据青藏高原冻土环境与工程应用研究. 北京: 中国科学院大学(中国科学院遥感与数字地球研究所)博士学位论文.

张中琼, 吴青柏. 2012. 气候变化情景下青藏高原多年冻土活动层厚度变化预测. 冰川冻土, 34(3): 505-511.

赵林, 程国栋. 2000. 青藏高原五道梁附近多年冻土活动层冻结和融化过程. 科学通报, 45(11): 1205-1211.

赵林, 盛煜. 2015. 多年冻土调查手册. 北京: 科学出版社.

赵蓉. 2014. 基于 SBAS-InSAR 的冻土形变建模及活动层厚度反演研究. 长沙: 中南大学硕士学位论文.

朱林楠, 吴紫汪, 刘永智, 等. 1995. 青藏高原东部多年冻土退化对环境的影响. 海洋地质与第四纪地质, (3): 129-136.

Bamler R, Just D. 1993. Phase statistics and decorrelation in SAR interferograms. Proceedings of IGARSS'93-IEEE International Geoscience and Remote Sensing Symposium. IEEE, 1993: 980-984.

Bamler R, Hartl P. 1998. Synthetic aperture radar interferometry. Inverse problems, 14(4): R1.

Bartsch A, Höfler A, Kroisleitner C, et al. 2016. Land cover mapping in northern high latitude permafrost regions with satellite data: achievements and remaining challenges. Remote Sensing, 8(2): 980.

Brumby S P, Liljedahl A K, Wainwright H, et al. 2014. Extrapolating active layer thickness measurements across arctic polygonal terrain using lidar and NDVI data sets. Water Resources Research, 50(8): 6339-6357.

Chen F, Lin H, Li Z, et al. 2012. Interaction between permafrost and infrastructure along the Qinghai–Tibet Railway detected via jointly analysis of C-and L-band small baseline SAR interferometry. Remote Sensing of Environment, 123: 532-540.

Cheng G, Wu T. 2007. Responses of permafrost to climate change and their environmental significance, Qinghai-Tibet Plateau. Journal of Geophysical Research: Earth Surface, 112(F2): F02S03.

Daout S, Doin M, Peltzer G, et al. 2017. Large scale InSAR monitoring of permafrost freeze-thaw cycles on the Tibetan Plateau. Geophysical Research Letters, 44(2): 901-909.

Ferretti A, Prati C, Rocca F. 2001. Permanent scatterers in SAR interferometry. IEEE Transactions on Geoscience and Remote Sensing, 39(1): 8-20.

Ferretti A, Fumagalli A, Novali F, et al. 2011. A new algorithm for processing interferometric data-stacks: SqueeSAR. IEEE Transactions on Geoscience and Remote Sensing, 49(9): 3460-3470.

Gangodagamage C, Rowland J C, Hubbard S S, et al. 2014. Extrapolating active layer thickness measurements across Arctic polygonal terrain using LiDAR and NDVI data sets. Water Resources, Research, 50(8): 6339-6357.

Hooper A, Zebker H, Segall P, et al. 2004. A new method for measuring deformation on volcanoes and other natural terrains using InSAR persistent scatterers. Geophysical Research Letters, 31: 1-5.

Jafarov EE, Marchenko SS, Romanovsky VE. 2012. Numerical modeling of permafrost dynamics in Alaska using a high spatial resolution dataset. Cryosphere, 6, 613-624.

Jia Y, Kim J W, Shum C K, et al. 2017. Characterization of active layer thickening rate over the Northern Qinghai-Tibetan Plateau permafrost region using ALOS interferometric synthetic aperture radar data, 2007-2009. Remote Sensing, 9(1): 84.

Jiang X, Li C, Sun J. 2017. A modified K-means clustering for mining of multimedia databases based on dimensionality reduction and similarity measures. Cluster Computer, 1-8.

Kelley A M, Epstein H E, Walker D R. 2004. Role of vegetation and climate in permafrost active layer depth in arctic tundra of northern Alaska and Canada. Journal of Glaciology & Geocryology, 26: 269-273.

Li Z, Tang P, Zhou J, et al. 2015. Permafrost environment monitoring on the Qinghai-Tibet Plateau using time series ASAR images. International Journal of Digital Earth, 8(10): 840-860.

Li Z, Zhao R, Hu J, et al. 2015. InSAR analysis of surface deformation over permafrost to estimate active layer thickness based on one-dimensional heat transfer model of soils. Scientific Reports, 5: 15542.

Liu L, Schaefer K, Zhang T, et al. 2012. Estimating 1992–2000 average active layer thickness on the Alaskan North Slope from remotely sensed surface subsidence. Journal of Geophysical Research: Earth Surface, 117(F1): F01005.

Liu L, Zhang T, Wahr J. 2010. InSAR measurements of surface deformation over permafrost on the North Slope of Alaska. Journal of Geophysical Research: Earth Surface, 115(F3): F03023.

McMichael C E, Hope A S, Stow D A, et al. 1997. The relation between active layer depth and a spectral vegetation in-dex in arctic tundra landscapes of the North Slope of Alaska. Int. J. Remote Sens. , 18(11), 2371-2382.

Mora O, Mallorqui J, Broquetas A. 2003. Linear and nonlinear terrain deformation maps from a reduced set of interferometric SAR images. IEEE Transactions on Geoscience and Remote Sensing, 41(10): 2243-2253.

Nelson F E, Shiklomanov N I, Mueller G R, et al. 1997. Estimating active-layer thickness over a large region: Kuparuk River basin, Alaska, USA. Arct. Alp. Res, 29: 367-378.

Pastick N J, Jorgenson M T, Wylie B K. et al. 2013. Extending airborne electromagnetic surveys for regional active layer and permafrost mapping with remote sensing and ancillary data, Yukon Flats Ecoregion, Central Alaska. Perm. Periglac. Proc, 24: 184-199.

Qin Y H, Wu T H, Zhao L, et al. 2017. Numerical modeling of the active layer thickness and permafrost thermal state across Qinghai-Tibetan Plateau. J. Geophys. Res. -Atmos. , 122, 11604-11620.

Schaefer K, Liu L, Parsekian A, et al. 2015. Remotely sensed active layer thicknessresult at Barrow, Alaska using interferometric synthetic aperture radar. Remote Sensing, 7(4): 3735-3759.

Tang P, Zhou W, Tian B S, et al. 2017. Quantification of temporal decorrelation in X-, C-, and L-Band interferometry for the permafrost region of the Qinghai-Tibet Plateau. IEEE Geoscience and Remote Sensing Letters, 14(12): 2285-2289.

Touzi R, Lopes A, Bruniquel J, et al. 1999. Coherence estimation for SAR imagery. IEEE Transactions on Geoscience and Remote Sensing, 37(1):135-149.

Wang C, Zhang Z J, Zhang H, et al. 2018. Active layer thickness retrieval of Qinghai–Tibet permafrost using the TerraSAR-X InSAR technique. IEEE Journal of Selected Topics in Applied Earth Observations and Remote Sensing.

Wang C, Zhang Z, Zhang H, et al. 2017. Seasonal deformation features on Qinghai-Tibet railway observed using time-series insar technique with high-resolution TerraSAR-X images. Remote Sensing Letters, 8(1): 1-10.

Widhalm B, Bartsch A, Leibman M, et al. 2017. Active-layer thickness estimation from X-band SAR backscatter intensity. Cryosphere, 11(1): 1-18.

Wu Q, Hou Y, Yun H, et al. 2015. Changes in active-layer thickness and near-surface permafrost between 2002 and 2012 in Alpine ecosystems, Qinghai–Xizang(Tibet)Plateau, China. Global and Planetary Change, 124: 149-155.

Wu Q, Zhang T. 2010. Changes in active layer thickness over the Qinghai-Tibetan Plateau from 1995 to 2007. Journal of Geophysical Research: Atmospheres, 115(D9).

Xie C, Gough W A. 2013. A simple thaw-freeze algorithm for a multi-layered soil using the stefan equation. Permafrost and Periglacial Processes, 24(3): 9.

Xie C W, William A G. 2013. A simple thaw-freeze algorithm for a multi-layered soil using the Stefan equation. Permafrost Periglacial Processes, 24(3): 252-260.

Zhao L, Wu Q, Marchenko S S, et al. 2010. Thermal state of permafrost and active layer in Central Asia during the International Polar Year. Permafrost and Periglacial Processes, 21(2): 198-207.

Zebker H A, Villasenor J. 1992. Decorrelation in interferometric radar echoes. IEEE Transactions on Geoscience and Remote Sensing, 30(5): 950-959.

第5章 高分辨率SAR青藏铁路
形变监测

在全球气候不断变暖和人类活动增多的双重作用下,青藏铁路路基下多年冻土退化明显,冻土地温上升,冻土强度和承载力下降,铁路工程稳定性下降,铁路路基病害加剧。第4章结合InSAR技术反演的季节性形变和不同地表类型地下土壤水分反演得到研究区的活动层厚度,本章结合实际应用和研究区的具体情况,采用合适的形变监测技术展开青藏高原铁路工程形变监测工作,分析青藏高原典型地物散射相干特性和青藏铁路在高分辨率SAR图像中的结构特征,在此基础上使用DInSAR和时序InSAR两种方法对青藏铁路的形变进行研究,并对青藏铁路的精细形变特征进行详细分析。本章主要内容来源于前期Wang等(2017)和Zhang等(2018)的研究工作。

5.1 引　言

青藏铁路(Qinghai-Xizang Railway)简称青藏线,全程线路长1 956 km,是一条连接青海省西宁市与西藏自治区拉萨市的国铁I级铁路,是中国21世纪四大工程之一。青藏铁路从格尔木至拉萨段位于青藏高原区域,北起青海省格尔木市,经五道梁、沱沱河、安多、那曲、当雄、羊八井至拉萨,全长1100余千米,全线海拔4 000 m以上的路段超过900 km,如图5.1所示。其中从西大滩到安多有长达550余千米处于多年冻土区,高温多年冻土区长度约为275 km,与高含冰冻土重叠的路段约为124 km(牛富俊等,2011a)。路基下冻土的融化/冻结及由冻土融化引发的地质灾害对路基的稳定性有决定性的影响,如青藏铁路在秀水河路段的热融引起的融塌病害,在历经数十年后仍然没有稳定(赵林和程国栋,2000;赵红岩等,2008)。目前以热融性、冻胀性及冻融性灾害为主的次生冻融灾害对铁路路基的稳定性存在潜在威胁,主要表现在路基沉陷、掩埋和侧向热侵蚀等方面。程国栋(2002)通过对铁路长期的监测资料的分析和研究,并结合野外调研发现青藏高原地区85%的路基病害是由路基沉降引起的,15%是由冻胀和翻浆所致。受全球性气候变暖的影响,青藏高原40年来平均气温升高了0.3~0.4 ℃,且以冬季升温为主。有研究表明,考虑到青藏高原平均气温不断上升的情况,未来50年内青藏铁路北麓河试验段路基的总沉降量可能达到30 cm。在全球气候变暖、青藏高原多年冻土退化和人类活动不断增多的背景下,青藏铁路路基的稳定性问题显得尤为突出。因此为保证青藏铁路的正常运营及青藏高原居民的经济社会可持续发展,对青藏铁路所处的冻土区进行形变监测具有非常重要的意义。

就目前而言,青藏高原地区形变监测方法主要有水准测量、GPS和埋设测量仪器等(马巍等,2008;牛富俊等,2011a;吴青柏和牛富俊,2013)。马巍等(2008)基于冻土路基现场监测数据，对青藏铁路中保护冻土的几种冷却路基形式进行了形变分析，结果发现所有的路基均以沉降形变为主。牛富俊等（2011a）根据青藏铁路路基现场监测和沿线调研，对青藏铁路路基 2002 年以来的路基稳定性和次冻灾害进行了分析，结果显示青藏铁路冻土区路基整体稳定，但是某些路段仍然沉降明显，最大沉降量达 50 cm。虽然通过实测数据能够在点上获得较准确的形变信息，但是用野外实测方法无法在大面积无人区进行全天候无障碍监测，也无法获取长时间的形变监测数据，难以实现对青藏铁路进行大范围长时间形变监测。

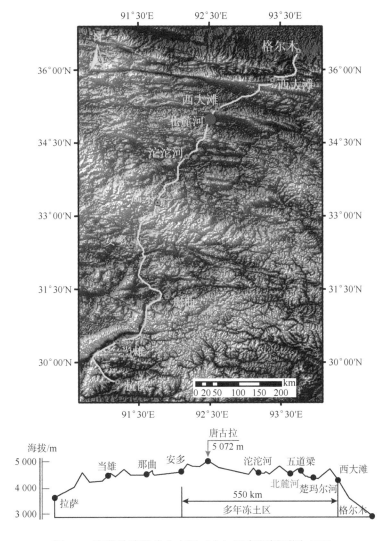

图 5.1　青藏铁路沿线分布图（上）及高程剖面图（下）

InSAR 作为一种新型的地表形变监测手段，通过研究分析不同成像时间或不同入射角的 SAR 图像相位信息，能够得到地表高程或形变信息（王超等，2002；廖明生，2014）。InSAR 技术以其监测面积广、空间分辨率高等特点弥补了传统测量技术的不足（Hu et al.，2014)，为大面积地表沉降、山体滑坡、建筑物形变监测提供了一种新的选择(王超等，2002；Cigna et al.，2012)。随着近年来时序 InSAR 技术的发展，国内外学者纷纷开展使用时序 InSAR 技术监测青藏高原及冻土工程形变的研究工作(Chen et al.，2012；李珊珊，2012；Chang and Hanssen，2015)。Chen 等(2012)采用时序 InSAR 技术使用 PALSAR 和 Envisat 数据对青藏铁路的稳定性进行探索，研究结果显示沿着青藏铁路的形变表现出不一致性，并分析是多种因素导致了青藏铁路的形变。李珊珊(2012)使用 21 景 Envisat 数据并采用改进的 SBAS 方法对羊八井至当雄青藏铁路段的形变进行反演。Chang 和 Hanssen(2015)将周期形变模型引入 PS 技术中，使用 15 景 Envisat 数据对唐古拉山地区的青藏铁路形变进行反演，结果较好地揭示了青藏铁路的季节性形变。上述研究通过时序 InSAR 技术对青藏高原铁路工程形变进行了初步探索，证实了 InSAR 技术在冻土及铁路工程形变监测中的应用潜力。

由于受到 SAR 图像分辨率的限制，上述研究中使用的 SAR 图像分辨率为 10 m 左右，将青藏铁路当成一个线性特征物，无法识别铁路路基的结构特征，并且在实际处理过程中仅仅将铁路周围的缓冲区作为研究对象，所获得的形变信息是青藏铁路与周围冻土形变信息综合的结果，并不能反映青藏铁路和路基真实的形变信息，因此使用中等分辨 SAR 图像无法实现对青藏铁路形变信息的精确测量(Dai et al.，2018；Luo et al.，2014；Wang et al.，2015；Wang et al.，2017)。由于高分辨 SAR 数据的缺乏，国内外使用高分辨率 SAR 数据对青藏高原冻土及铁路工程形变进行研究尚处于初步阶段。因此采用高分辨 SAR 对青藏高原铁路形变进行详细研究具有重要的应用价值。

近年来，随着一系列星载高分 SAR 系统的升空，如德国的 TerraSAR-X 和意大利的 COSMO-SkyMed，SAR 图像的分辨率和重返周期得到了极大的提升(Bovenga et al.，2012；Gernhardt and Bamler，2012)。2013 年 TerraSAR-X 卫星提供了新的模式——ST(staring spotlight)的超高分辨率 SAR 数据，在方位向能够获取 0.24 m 的分辨率(Mittermayer et al.，2014)。在此高分辨率 SAR 图像中，青藏铁路的结构特征(路基、护坡和道渣层等)能够得到精细的分辨。本章使用 TerraSAR-X ST 模式数据采用 DInSAR 和时序 InSAR 两种方法对青藏高原冻土和铁路形变进行研究。在 DInSAR 处理中，对青藏铁路在高分辨率 SAR 图像中的结构特征进行了分析，同时对实验区的形变特征有了初步的认识。在时序 InSAR 处理中，根据冻土冻融过程的基本特征，将冻土的形变分为线性形变和季节性形变两部分。在构建季节性形变模型阶段，根据 Stefan 模型建立了与冻融指数平方根成线性变化的季节形变相位模型。

5.2　青藏高原典型地表覆盖相干特性分析

在青藏高原地区，地下冻土受到全球气候变化和季节温度变化的影响，冻土区地物散射特性在时间域内会发生剧烈变化，这种变化会导致两幅雷达图像的干涉失相干，进而影响 InSAR 技术在青藏高原地区的应用。在本节中，对青藏高原北麓河地区典型地物在高分辨 SAR 图像中的相干性进行分析，探索其季节性变化规律，为时间序列 InSAR 在青藏高原应用中干涉对的选取提供依据(Zhang et al.，2018)。

对于两景单视复数据（single look complex，SLC），干涉相干性定义为两幅图像的复相关系数的幅度。相干系数可以用于确认两幅图像的相似性，也可用于评价干涉相位质量好坏的参数（Jung and Alsdorf，2010），另外相干系数还可以用于地表地物的分类。第 4 章分析了两幅 SLC 图像的相干值与众多因子有关。对于本章中使用的 TerraSAR-X 数据，考虑到实验中的最大基线（500 m），$r_{baseline} \approx 0.975$，表明基线去相干对相干性的影响可以忽略。另外，系统噪声去相干对相干性的影响也较小，在现代 SAR 系统中可以忽略（Wei and Sandwell，2010；Wang et al.，2010）。体散射去相干主要与高大植物有关，植被越茂盛，失相干越严重（Hoen and Zebker，2010）。该研究区中没有高大灌木，只有低矮的草甸，体散射去相干也可以忽略不计。因此，在后面的分析中仅分析时间去相干的影响。

5.2.1　时序相干分析技术

将第一幅 SAR 作为主图像，将其他图像与主图像进行配准。通过不同主图像的方式对干涉对进行组合，共得到 136 对干涉对组合。使用 DEM 数据去除干涉相位中的地形和平地相位，在此基础上利用自适应滤波方法进行滤波，减小噪声的影响。受 Wickramanayake 等（2016）研究的启发，将时间序列相干图分为两组：公共主图像组合（common master group，CMG）和顺序主图像组合（sequential master group，SMG）。一般来说，将相干图安排在两组有利于相干季节变化的分析中。在 CMG 中，选取冬季（2014 年 12 月 2 日）获得的图像作为主图像。表 5.1 显示了公共主图像组合中干涉对的详细信息。在 SMG 中，干涉相干成像具有最小的时间基线。表 5.2 是选取的顺序干涉图的干涉组合信息。

表 5.1　CMG 干涉对信息

编号	主图像/（年.月.日）	辅图像/（年.月.日）	空间基线/m	时间基线/天	主图像成像季节	辅图像成像季节
1	2014.12.02	2014.06.20	478	−165	冬季	夏季
2	2014.12.02	2014.07.01	87	−147	冬季	夏季
3	2014.12.02	2014.10.08	198	−55	冬季	夏季
4	2014.12.02	2014.12.13	84	11	冬季	冬季
5	2014.12.02	2015.02.17	294	77	冬季	冬季
6	2014.12.02	2015.03.11	495	99	冬季	冬季
7	2014.12.02	2015.05.27	216	176	冬季	夏季
8	2014.12.02	2015.08.12	158	253	冬季	夏季
9	2014.12.02	2015.08.23	115	264	冬季	夏季
10	2014.12.02	2015.10.06	15	308	冬季	夏季
11	2014.12.02	2015.11.08	32	341	冬季	冬季
12	2014.12.02	2015.12.11	113	374	冬季	冬季
13	2014.12.02	2016.03.08	27	462	冬季	冬季
14	2014.12.02	2016.05.02	52	517	冬季	夏季
15	2014.12.02	2016.07.29	23	605	冬季	夏季
16	2014.12.02	2016.8.9	172	616	冬季	夏季

表 5.2 SMG 干涉对组合信息

编号	主图像/(年.月.日)	辅图像/(年.月.日)	空间基线/m	时间基线/天	主图像成像季节	辅图像成像季节
1	2014.06.20	2014.07.01	391	11	夏季	夏季
2	2014.07.01	2014.10.08	110	99	夏季	夏季
3	2014.10.08	2014.12.02	198	55	夏季	冬季
4	2014.12.02	2014.12.13	84	11	冬季	冬季
5	2014.12.13	2015.02.17	209	66	冬季	冬季
6	2015.02.17	2015.03.11	201	22	冬季	冬季
7	2015.03.11	2015.05.27	279	77	冬季	夏季
8	2015.05.27	2015.08.12	375	77	夏季	夏季
9	2015.08.12	2015.08.23	42	11	夏季	夏季
10	2015.08.23	2015.10.06	131	44	夏季	夏季
11	2015.10.06	2015.11.08	17	33	夏季	冬季
12	2015.11.08	2015.12.11	146	33	冬季	冬季
13	2015.12.11	2016.03.08	140	88	冬季	冬季
14	2016.03.08	2016.05.02	24	55	冬季	夏季
15	2016.05.02	2016.07.29	28	88	夏季	夏季
16	2016.07.29	2016.08.09	148	11	夏季	夏季

该研究利用 17 景 TerraSAR-X ST 模式的数据生成了 136 幅干涉条纹图。根据野外调查，选取研究区的 5 类典型地物作为研究对象，分别是铁路、公路、坡地、荒漠、草甸，对这 5 类典型地物的相干性变化进行分析。图 5.2 为研究区典型地物在冬季和夏季的野外照片。这五种地物分别对应强相干目标（铁路、公路）、部分相干目标（坡积物和荒漠）以及失相干目标（草甸）。对于每种目标，我们将通过 9×9 的窗口获取的平均相干值作为该点的相干值。随机选取的 5 种地物在 SAR 图像中的位置如图 5.3 所示。

青藏铁路（夏季） 青藏铁路（冬季） 青藏公路（夏季） 青藏公路（冬季）

坡积物（夏季） 坡积物（冬季） 高寒荒漠（夏季） 高寒荒漠（冬季）

高寒草甸（夏季）　　　　　　　　　高寒草甸（冬季）

图 5.2　实验区典型地物在冬季和夏季的野外照片

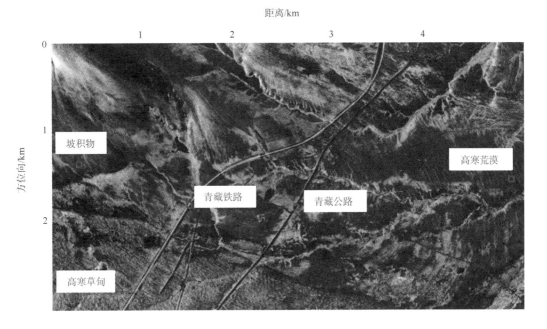

图 5.3　典型地物采样点位置

5.2.2　北麓河区典型地表覆盖相干性时空特征

首先对顺序组合的实验区典型地物的相干性变化进行分析。图 5.4 是共同主图像组合干涉对的时间和空间基线分布图，2014 年 12 月 4 日成像的 SAR 图像为主图像。所有的干涉组合的空间基线小于 500 m，5.2.1 节中的分析空间基线引起的失相干可以忽略。另外，共同主图像组合中包含夏季-冬季和冬季-冬季的干涉对，可用于分析相干性季节性变化。

研究区共同主图像组合的时序相干图如图 5.5 所示。可以看到，在 CMG 中，研究区整体夏季的相干值较低，冬季的相干值较高。当主、辅图像都在冬季获取时，冻土地表比较干燥，地物目标散射变化较小，因而能够得到高质量的相干图。当在不同季节获取主、辅图像时，地表地物变化较大，进而导致比较严重的时间去相干。冬季冻土处于冻结状态，地表比较干燥，土壤水分接近 0；而在夏季，研究区冻土处于融化状态，地表土壤水分含量较高，适合地表植物生长，冬季和夏季地表地物的剧烈变化导致冬季-夏季干涉对严重失相干。

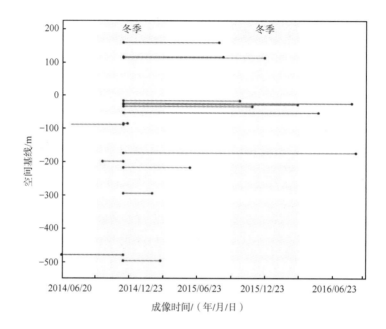

图 5.4　共同主图像组（CMG）干涉对时间基线和空间基线分布

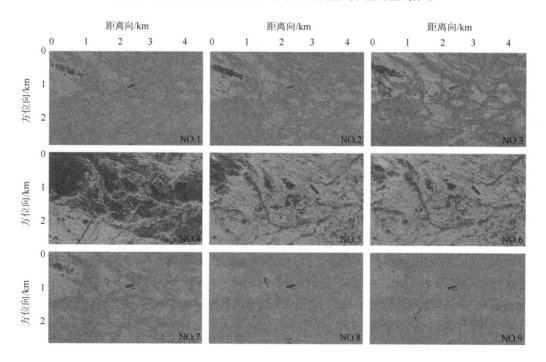

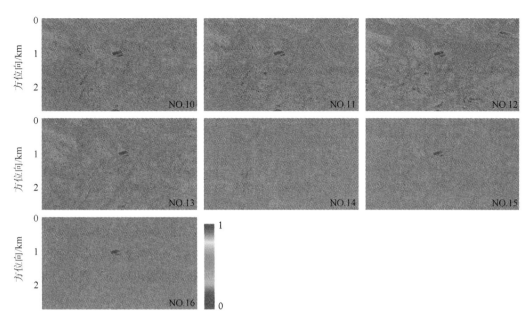

图 5.5　研究区共同主图像组合时序相干图

　　图 5.6 中是共同主图像组合的 5 种典型地物的相干值变化情况。不同地物的时序相干值表现出不同的变化特征。可以看到青藏铁路和青藏公路在整个观测期间都保持较高的相干性，相干值大于 0.8。随着时间基线变大，青藏铁路和青藏公路的相干值也在减小，其随季节变化的特性不明显。坡积物和荒漠区表现出中等大小的相干值，约在 0.4 左右，并且表现出比较明显的季节性。在冬季-冬季干涉组合中，坡积物和荒漠区表现出了较好的相干性，可达到 0.8。随着时间基线变大，坡积物和荒漠区逐渐变小。草甸区则表现出较差的相干性，整体小于 0.2。即使在冬季-冬季组合中，草甸区相干性也较差。

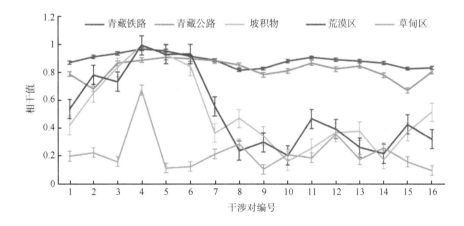

图 5.6　共同主图像组合的典型地物的时序相干值

　　在顺序主图像组合中，所有的干涉对组合的空间基线小于 400 m，时间基线小于 99

天（图 5.7）。SMG 中有夏季-夏季、夏季-冬季、冬季-冬季三种干涉组合。研究区顺序主图像组合的时序相干图如图 5.8 所示。可以看到，研究区顺序主图像组合相干值整体上大于共同主图像组合相干值。这是由于顺序主图像组合的干涉组合的时间基线整体上小于共同主图像组合的时间基线，进而说明了时间去相干是研究区的主要失相干源之一。在时序相干图中，铁路、公路、河流等地物的形状能清晰分辨出。

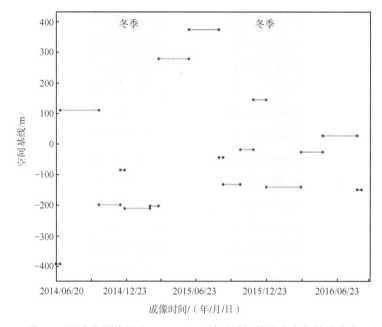

图 5.7　顺序主图像组合（SMG）干涉对时间基线和空间基线分布

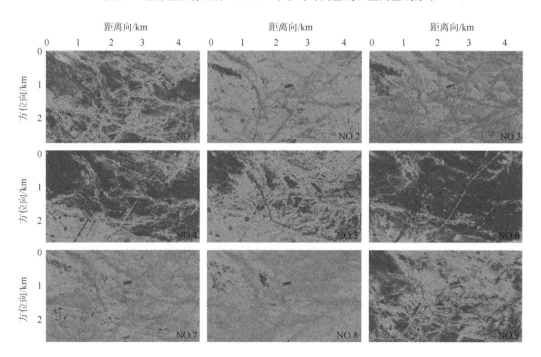

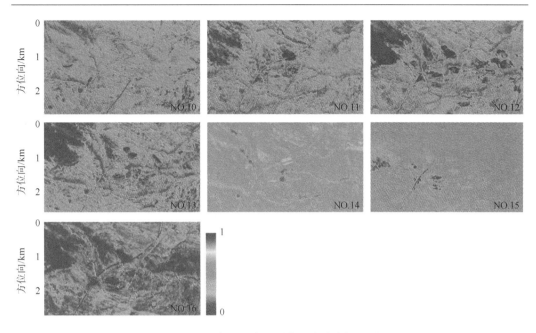

图 5.8　研究区顺序主图像组合时序相干图

　　图 5.9 中是顺序主图像组合的典型地物的时序相干值。可以看到，在顺序主图像组合相干图中，研究区典型地物相干性显示季节性变化，但与 CMG 干涉相干图中的不同。青藏铁路和青藏公路区域在 SMG 中显示出高相干值（大于 0.8），与 CMG 中的变化特征类似。坡积物和荒漠区的相干图显示出明显的季节性变化特征。当主图像和辅图像成像时间在相同季节时，坡积物和荒漠区的相干图显示高值（0.7～0.8），当主图像和辅图像成像时间在不同季节时，其相干值则会发生明显下降。草甸区的相干图显示出与坡积物和荒漠区类似的季节变化，但具有较低的相干值（0.6～0.2）。需要指出的是，SMG 中每个干涉对的时间基线不均匀，这会使结果发生变化，如果每个干涉对的时间基线都是相同的，则能得到更好的相干变化特征。

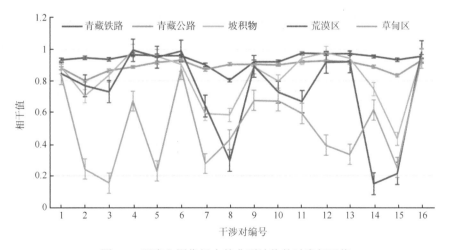

图 5.9　顺序主图像组合的典型地物的时序相干值

5.3　基于 DInSAR 的青藏铁路形变监测

为初步分析研究区冻土和青藏铁路的季节性形变特征，本小节从 17 景数据中选取 3 景 TerraSAR-X 数据，采用 DInSAR 技术中的三轨法获取实验区的季节形变结果，重点分析青藏铁路的形变情况和特征。3 景 SAR 数据组成两个干涉对，分别表示研究区融化季节和冻胀季节的形变量，选取 DInSAR 处理数据的干涉组合，如表 5.3 所示。

表 5.3　TerraSAR-X 干涉对参数

编号	干涉对/(年.月.日)	空间基线/m	时间基线/天	冻融情况
1	2014.06.20/2014.10.08	275	110	融化
2	2014.10.08/2014.12.13	285	66	冻胀

5.3.1　北麓河地区 DInSAR 处理结果

用 InSAR 技术得到的形变结果都是相对形变，在本节中，我们选取的参考点为铁路桥墩，铁路桥路基打在地下 18 m 永冻层中，在整个观测期间可认为其是稳定不动的，反演得到的研究区的形变量均是基于这一点的形变量。图 5.10 是研究区 2014 年 6～10 月的形变结果，从图中可以看出该时期研究区整体出现下沉，最大下沉量达到了 110 mm。这是由于观测季节处于夏季，地面温度随气温升高而升高，导致地下活动层冻土开始融化，水分子由固态变为液态，冻土体积缩小，地表表现为下沉。

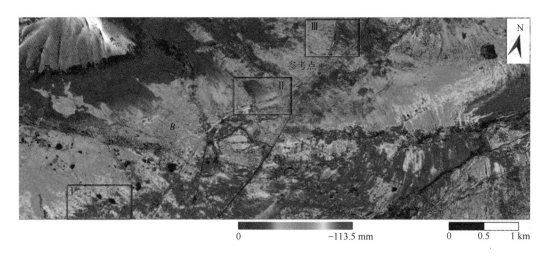

图 5.10　北麓河地区融化季形变量（2014 年 6～10 月）

图 5.10 中 A 区域是草甸区，土壤含水量高；B 区域是荒漠区，土壤含水量低。在融

化季节 *A* 区域的冻土融化下沉量明显大于 *B* 区域，在冻胀季节抬升量也大于 *B* 区域。*C* 区域是研究区中的一个典型的热融湖，是冻土退化的一种表现。热融湖周围的夏季融化下沉量在−110～−60 mm，并且呈现明显的不对称性。热融湖西侧的沉降量大于东侧的沉降量，这种冻融湖的形变特征是在湖周围和地下的冻土活动，以及湖的大小、形状和湖水温度的共同作用下形成的（Wang et al.，2015b）。

图 5.11 为研究区 2014 年 10～12 月的形变结果，从图中可以看出，对应时间段内研究区整体发生了抬升，最大抬升量达到了 100 mm 以上。这是因为在冬季，地表温度下降，地表冻土内的水分子冻结，体积发生膨胀，地表表现为抬升，这种抬升在来年 3 月抬升量达到最大；此后气温开始变暖，冻土中冻结的水分子融化成液态水分子，冻土体积缩小，地表表现为下沉（吴青柏和牛富俊，2013）。冬季冻结抬升量的大小与冻土中的水分含量有关。可以看出草甸区冻结抬升量较大，荒漠区冻结抬升量较小。

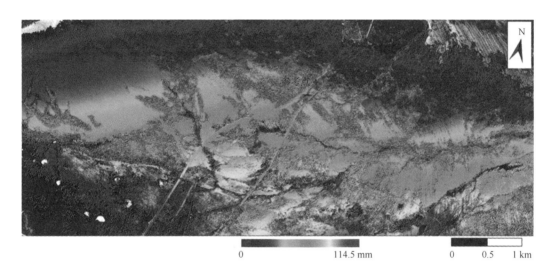

图 5.11　北麓河地区冻胀季形变量（2014 年 10～12 月）

5.3.2　北麓河地区青藏铁路形变特征分析

1. 青藏铁路结构特征分析

为了减小冻土冻融作用对铁路的影响，在多年冻土上面修筑了铁路路基，并且在路基内部铺设了多种冷却措施，以保证铁路路基的稳定性。首先分析青藏铁路在中低分辨率 SAR 图中的特征，图 5.12 是研究区的 Sentinel-1 幅度图，方位向和距离向分辨率分别为 20 m 和 5 m。可以看到，Sentinel-1 幅度图中的青藏铁路和青藏公路表现为两条亮线，青藏铁路各部分结构则无法区分。因此，利用中等分辨率图像无法准确获取青藏铁路的精细形变信息，更无法精细分析青藏铁路的形变特征。

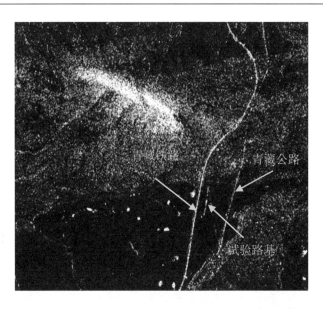

图 5.12   研究区 Sentinel-1 幅度图（方位向分辨率为 20 m，距离向分辨率为 5 m）

青藏高原铁路的测量剖面图及在高分辨 SAR 图像中的结构特征如图 5.13 所示。图 5.13（a）是野外实验测量的北麓河地区的青藏铁路的横剖面，可以看到铁路路基横剖面为梯形，下底宽约 30 m，上底宽约 15 m，铁路路基两侧多为碎石或块石所覆盖。路基护坡和道渣层的坡度分别为 30°和 35°，大于 SAR 图像的入射角[图 5.13（a）]，因此在迎着 SAR 信号的坡面出现了两次散射，在 SAR 中的亮度明显大于周围环境，SAR 图像中出现了明显的铁路结构。图 5.13（b）是青藏铁路在 SAR 图像中的实例，可以看到由于强散射，青藏铁路在高分辨率 SAR 图中可以被明显地分辨出。铁路的结构，如碎石路、铁路护坡、路基路肩和道渣层等，在高分辨率 SAR 图中表现为强散射亮线，在 SAR 图中能被清楚地辨识出。其中，迎着雷达信号方向的铁路护坡和道渣层斜坡表现为两条平行的强亮线，碎石路和路基路肩则表现较暗。这种亮线和暗线相间的结构组成了青藏铁路在高分辨率 SAR 图中的结构特征。图 5.13（c）是对应的野外照片。在中等分辨率图像中，由于分辨率的限制，铁路在 SAR 图中往往只有一个或几个像素点，主要表现为线特征，因而无法观测到铁路的结构特征。

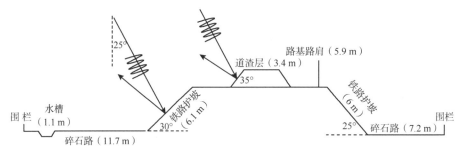

（a）测量的青藏铁路剖面图

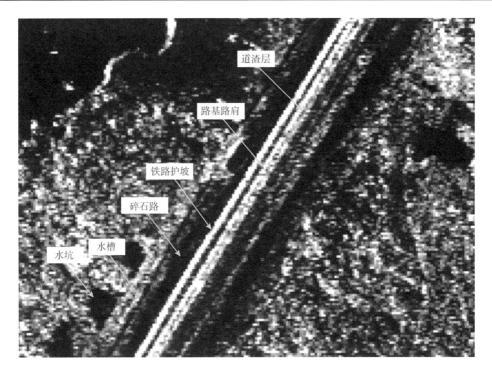

（b）青藏铁路在 SAR 图像中的实例

（c）对应的野外照片

图 5.13　青藏铁路高分辨 SAR 结构特征分析

2. 青藏铁路形变分析

为了分析青藏铁路路基的形变特征，选取了研究区内青藏铁路的一段，并对其高程和形变横剖面和纵剖面进行了详细分析。图 5.14 给出了不同剖面线的位置。A—A'是青藏铁路的剖面线，B—B'为实验路基路段的剖面线。在 a_1—a_1'剖面处，铁路路基中埋设了散热棒和通风管，用于路基散热。在 a_2—a_2'剖面处，铁路路基下部埋设有通风管。在剖面 a_3—a_3'处，铁路路基两侧护坡铺设有大块石。这些埋设在铁路路基中或铺设在护坡上的不同的冷却措施都是为了降低冻土的冻融作用对铁路路基结构的影响，保障铁路路基的稳定（牛富俊等，2011a）。

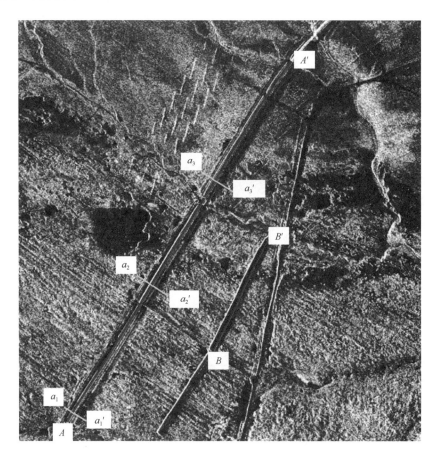

图 5.14 青藏铁路剖面分布示意图

图 5.15（a）是剖面线 a_2—a_2'处的野外照片，可以看到在铁路路基下部埋设有通风管。通风管的工作原理是在干冷季节，冷空气有较大的密度，在自重和风的作用下将埋设在路基中的通风管内的热空气挤出，不断将通风管周围土中的热量带走，达到保护铁路路基的效果。这种保护措施在青藏铁路北麓河路段进行了尝试（张鲁新等，2015）。另外，在青藏铁路北麓河路段部分路基中安装有散热棒。散热棒是一种将冬季空气冷量导入冻土路基中，将路基下部冻土中的热量带出路基的一种单向导热装置，具有良好的路基冷却效果，其在青藏铁路和公路冻土工程中得到了广泛应用。

（a）青藏铁路路基（a_2—a_2'，视角朝西，2014年8月）

（b）实验路基（B—B'，视角朝北，2014年8月）

图 5.15　青藏铁路路基和实验路基照片

　　图 5.15（b）是青藏铁路实验路基的野外照片。北麓河实验路基是中国科学院寒区旱区环境与工程研究所于 2009 年修建的。实验路基位于草甸区，路基长约 600 m，分为两段：350 m 水泥路面路基和 250 m 泥土路面路基。路基底部埋设了各种不同的路基保护措施，可以用于研究不同路基冷却措施的冷却保护效果。从图 5.15（b）中可以看到，实验路基路面出现了多条裂痕，反映了冻土冻胀作用对冻土工程的破坏性。

　　图 5.16 是 2014 年 6～10 月青藏铁路形变的剖面图。根据上一小节的分析，青藏铁路的结构特征在高分辨率 SAR 图像中可以被清楚分辨。可以观察到三条横剖面形变图表现出相似的形变特征。在铁路路基结构中，道渣层的形变量最小，两侧的护坡形变量最大，同时可以看到铁路路基两侧护坡的形变量表现出不对称性，根据相关的文献（马巍等，2008；Chou et al.，2010）可知，这种形变不对称性可能与阴阳坡效应有关。铁路路基处的形变量小于周围两侧草甸区域的形变量，相差达到了 15 mm，然而横剖面局部区域的最大形变量出现在实验路基和自然草甸的连接处（坡脚处），形成了一个不对称的"W"形状（Wang et al.，2015a）。

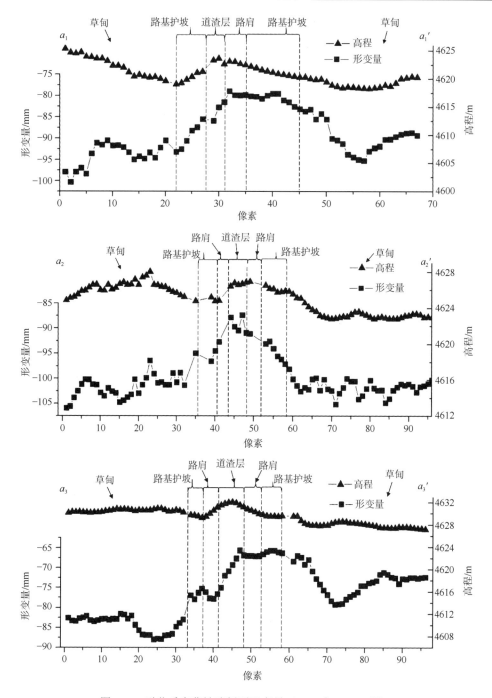

图 5.16　融化季青藏铁路剖面形变量（2014 年 6～10 月）

从图中还可以看到铁路西侧草甸区的下沉量大于东侧草甸区的下沉量。这种差异性主要是由于在路基填方之前对原天然地面进行压实，修筑的路基形成了一个无限延伸的隔离带，改变了原来地下水冻土层上水流径流途径，从而导致路基两侧冻土的形变量不一致（张鲁新等，2015）。可以看出青藏铁路路基和各种保护措施保证了青藏铁路的稳定性，但同时也破坏了高原冻土环境，进而破坏了形变的连续性。

　　图 5.17 是 2014 年 10～12 月青藏铁路形变的剖面图。在冬季冻结期，铁路的形变特征与融化期形变特征相反。铁路路基的抬升量小于两侧的草甸区，这种抬升差异量达到了 15 mm；在铁路路基结构中，道渣层的抬升量最小，铁路两侧护坡的坡脚处抬升量最大。

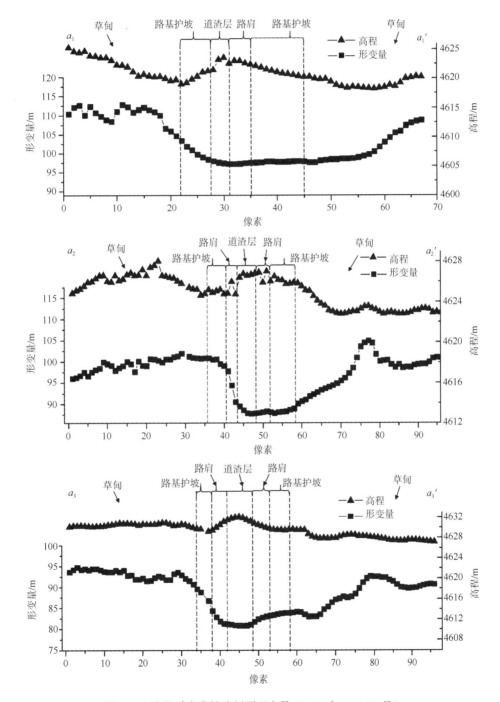

图 5.17　冻胀季青藏铁路剖面形变量（2014 年 10～12 月）

在路基填筑过程中，永久冻土原来稳定的性能和状态遭到破坏，如地表覆盖层被破坏，特别是填筑路基的土体材料砂石含量较高，密度大，导热性强，热量沿着土层较薄的护坡脚处向下传递，导致路面坡脚的永冻层融化深度大于路基面下的冻土融化深度（丑亚玲等，2007）。在上层土体压力作用下路基土体开始下陷，且路基两侧下陷深度大于路基中部，因而路基路肩处经常会产生纵向裂缝，如图 5.18 所示。

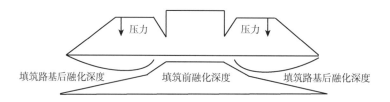

图 5.18　冻土路基纵向裂缝形变分析（王海港等，2001）

青藏铁路路基纵剖面 A—A' 2014 年 6～10 月的形变图如图 5.19 所示。可以看到沿着铁路的形变表现出差异性，形变量变化范围为 -110～-60 mm。这种纵向形变的差异性主要是由局部自然条件（如地形、土壤湿度和永冻层厚度等）不同导致的。因此在铁路路基 A—A' 段埋设了不同的铁路路基冷却措施，以保证路基的安全稳定。

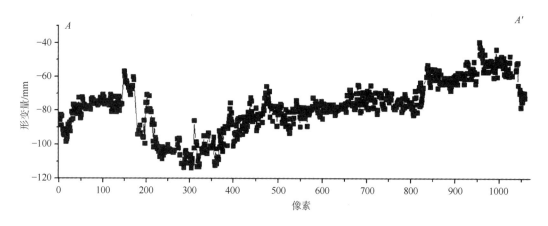

图 5.19　青藏铁路路基纵剖面形变量（2014 年 6～10 月）

北麓河研究区的青藏铁路实验路基长约 600 m，水泥表面长度约为 350 m［图 5.15（b）］。为了测试不同冷却措施对铁路路基的冷却保护作用，在实验路基埋设了大约 6 种不同的保护路基的冷却措施：圆竖管、方形空心砖、水泥圆形通风管、小碎石、大块石，另外，在埋设圆形通风管和大块石的路肩处埋设了散热棒（图 5.20）。通过对实验路基的形变进行分析，我们发现沿着实验路基的形变量表现出差异性，路基护坡上铺设圆竖管的路基段形变量最小，为 75 mm，埋设有圆形通风管和大块石的路段的形变量最大，达到了 105 mm。这种不同路段形变的差异性表现出不同冷却措施的冷却效果。可以看到埋设有圆竖管的实验路基段的下沉量最小，显示了较好的冷却效果。

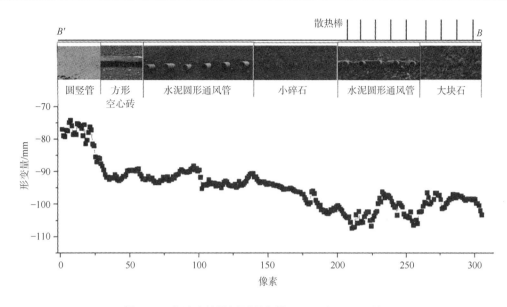

图 5.20　实验路基纵剖面形变量（2014 年 6～10 月）

3. 草甸区形变

北麓河草甸区属于富含冰冻土区，在常年累月的冻土冻融作用下，草甸区地表形成了东西走向的规则形状，与铁路路基垂直。这种规则的地形起伏微地貌在高分 SAR 图像中也能被清楚地观测到，在雷达图像中表现为明暗相间的纹理[图 5.21（a）]。图 5.21（b）是图 5.21（a）中的剖面线的形变量剖面。可以看到草甸区的形变量也表现出规则的纹理，这种规则的纹理与冻土的冻胀过程相关。在野外调查时也发现了与规则纹理平行的冻胀裂缝，如图 5.21（c）所示。

（a）周期性

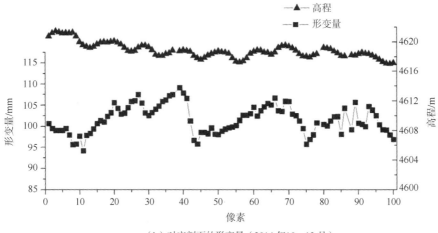

（b）对应剖面的形变量（2014 年10～12 月）

（c）对应野外照片

图 5.21　草甸区在冻土冻融作用下的规则形变

5.4　基于时序 InSAR 方法的青藏铁路形变分析

本章 5.3 节中使用 DInSAR 方法反演了实验区的形变量，并对铁路路基的形变特征进行了详细分析，对实验区的形变规律有了初步了解。由于 DInSAR 方法受到时间去相干、大气相位和相位解缠的影响，反演的结果精度也会受到一定影响。因此在本节中，使用时序 InSAR 方法对青藏铁路的形变量进行反演。

5.4.1　北麓河地区时序 InSAR 处理

使用 17 景 TerraSAR-X ST 模式的数据用于干涉处理，为了减少时间去相干的影响设置时间基线和空间基线阈值分别为 200 天和 500 m。同时对所有的干涉组合的干涉相位质量进行了检查和筛选，最终共选取了 49 景干涉条纹图用于后续的形变参数反演，图 5.22 是干涉组合的空间基线和时间基线分布。为了降低噪声的影响，在生成干涉条纹过程中我们采用了 6×1（方位向×距离向）的多视处理，多视后的像元分辨率约为 1 m。

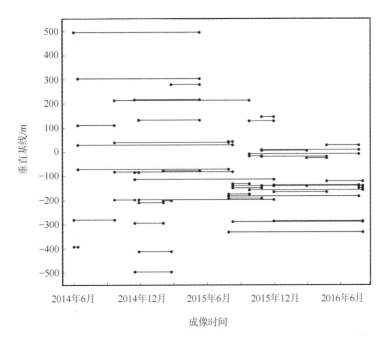

图 5.22　干涉组合的时间基线和空间基线

　　SAR 图像配准以后，根据图 5.22 中的干涉组合选择干涉对，地形相位通过下载的研究区 SRTM DEM 数据进行去除，处理得到的部分时间序列差分干涉条纹图如图 5.23 所示。可以看到，相同季节图像的干涉组合（冬季-冬季、夏季-夏季）的相位图质量比不同季节图像（冬季-夏季）的干涉组合。其中主、辅图像都在冬季成像的干涉组合的相位图质量最好，除水域以外，研究区其他区域都有较高的相干性，草甸区的干涉相位质量较高，因为在整个冬季，研究区地表处于干燥状态，地表环境变化较小，因而整个研究区都表现出较高的相干性。在不同季节图像（冬季-夏季）的干涉组合中，由于地表环境变化较大，特别是草甸区，几乎都是噪声，是在青藏铁路和青藏公路沿线保持较高的相干性。可以看出，QTR 在所有的干涉条纹中都能保持很高的相干性，QTR 的结构特征在条纹图中也能够分辨出来。另外，需要指出的是，部分 QTR 路段路基两侧的相位表现出差异性，后文会详细讲述这种差异性。

　　相干目标采用平均相干系数法进行选取，对书中 49 对干涉组合的相干系数取平均值得到实验区的平均系数图，如图 5.24 所示。可以看到青藏铁路、青藏公路和实验路基上的相干系数最大，达到了 0.8 以上。研究区东北角处的坡脚处同样表现出了较好的相干性。区域 A_1 和 A_2 处也表现出了较高的相干性，野外试验发现，A_1 和 A_2 处是人工在铁路路基两侧铺设的规则的石块，在防沙固土的同时也能保护铁路路基，这些石块 SAR

图像中属于强散射点,因而相干性较高。其他自然地表区域由于受到时间去相干的影响,其平均相干系数较低。实验中我们设置相干系数阈值为 0.7,在实验区进行相干目标选取,一共获得了 571910 个相干点集合用于形变参数反演。

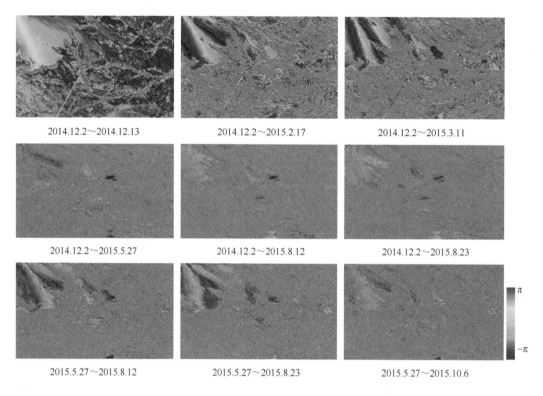

2014.12.2～2014.12.13　　2014.12.2～2015.2.17　　2014.12.2～2015.3.11

2014.12.2～2015.5.27　　2014.12.2～2015.8.12　　2014.12.2～2015.8.23

2015.5.27～2015.8.12　　2015.5.27～2015.8.23　　2015.5.27～2015.10.6

图 5.23　时间序列干涉条纹图

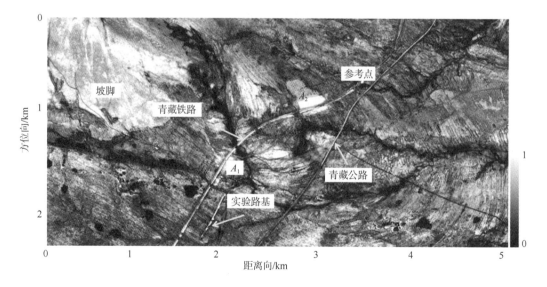

图 5.24　平均相干系数图

　　根据北麓河气象站记录的温度数据计算得到研究区 2014～2016 年冻胀和融化指数。北麓河研究区冻结季节长度大于融化季节长度,计算的冻结指数也大于融化。可以看到,不同年份冻胀指数和融化指数会有变化,2014～2015 年的融化指数和冻胀指数分别是 567 和–1 688 ℃·d,2015～2016 年的融化指数和冻胀指数分别是 598 ℃·d 和–1824 ℃·d。然后对冻胀指数和融化指数进行归一化处理,得到的归一化冻胀指数和融化指数如图 5.25 所示。

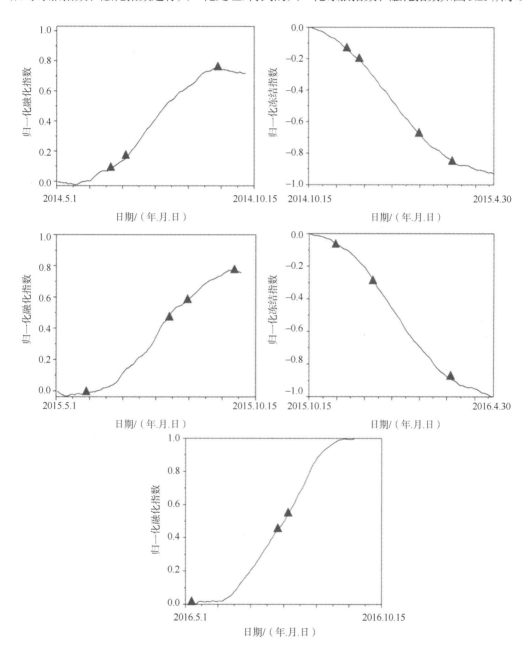

图 5.25　研究区 2014～2016 年的冻融指数

红三角标表示 SAR 图像成像时间

5.4.2　青藏铁路形变时空特征

1. 青藏铁路工程形变分析

图 5.26 是研究区青藏铁路和青藏公路的线性形变速率图。可以看到，沿着青藏铁路和公路的形变表现出不一致性，特别是 *A*、*B*、*C* 和 *D* 区域，部分青藏铁路路基路段的沉降速率约为–10 mm/a。这种形变的不一致性主要是土壤含水量的差异、铁路路基冷却措施的差异、人类活动及冻土层演化的差异等诸多因素共同作用的结果。这种不均匀的形变会对青藏铁路路基的稳定性造成极大的破坏，下面我们详细分析青藏铁路的这种不均匀沉降现象。

图 5.26　青藏铁路和青藏公路线性形变速率图

通过野外调查，图 5.26 中的位置 *A* 是一个冻土涵洞地基。青藏铁路涵洞地基设计对铁路路基冻土既有遮阳作用，也有通风作用，属于一种冷却路基的结构。涵洞的过水特性使得其附近的多年冻土易遭到水热侵蚀，成为多年冻土退化的诱导因素（张鲁新，2015）。因而涵洞结构附近的年下沉量一般较大，在反演的形变图中，*A* 处的年沉降量达到了–10 mm/a。图 5.27 是 *A* 处的野外照片，从照片中我们可以明显地观测到沉降对涵洞结构的破坏，剧烈的沉降导致涵洞结构面处形成了多处裂痕。

a_1—a_1' 和 a_2—a_2' 是沿着青藏铁路的两个剖面线，此处的铁路剖面线两侧的形变表现出差异性。图 5.28 中是青藏铁路沿 a_1—a_1' 和 a_2—a_2' 的沉降速率横剖面图。从图 5.28（a）中可以看到该处铁路路基左右两侧形变表现出不对称性，图 5.28（b）为对应的形变剖

图 5.27　铁路桥涵洞的野外照片

面线图，可以看到铁路东侧护坡的沉降速率明显大于铁路西侧护坡的沉降速率，差异量达到了约–10 mm/a。但是在铁轨处的沉降速率比较稳定，约为–5 mm/a。铁路两侧护坡形变不对称可能与铁路护坡的阴阳坡效应有关（Ma et al.，2011；Wu et al.，2011；Li et al.，2009）。铁路路基的阳坡（铁路路基东侧）有更长的日照时间和更强的太阳辐射，因此阳坡吸收的太阳照射热量大于阴坡（铁路路基西侧），路基东侧的地下温度比西侧护坡的地下温度高，路基东侧的冻土融化深度大于西侧的冻土融化深度，从而导致了更大的季节形变量（Chou et al.，2010；Ma et al.，2011）。另外，在冬季，实验区一直受到西风的影响，西侧护坡更容易冷却，从而进一步加大了东西侧护坡地下土层的温度差，因此在冬季铁路路基东西两侧的阴阳坡效应导致东西侧地下土层温度差更大（Chou et al.，2010）。

为了降低阴阳坡效应导致的路基两侧形变的不对称性，从而减小对铁路路基稳定性的影响，在某些比较严重路段的东西侧护坡埋设了不同的冷却措施。虽然有冷却措施的保护，但是某些铁路路段仍然存在这种不对称性形变。图 5.29 是剖面线 a_1—a_1' 附近的野外考察照片，可以看到铁路东侧路肩存在着一处明显的铁路纵向冻融形变裂痕，而对应的铁路西侧路肩则没有出现相应的形变裂痕，这也进一步验证了铁路左右两侧路基季节性形变的不对称性。针对这种阴阳坡效应，在铁路后期的维护过程中也采取了相应的保护措施（张鲁新等，2015）。

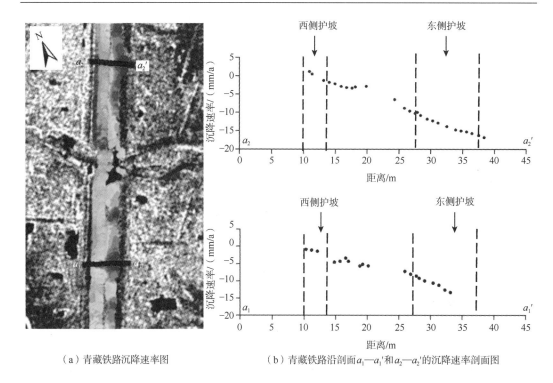

（a）青藏铁路沉降速率图　　　　（b）青藏铁路沿剖面 a_1—a_1' 和 a_2—a_2' 的沉降速率剖面图

图 5.28　青藏铁路形变剖面图

图 5.29　剖面线 a_1—a_1' 附近的铁路路基野外照片

　　该研究区属于多年冻土区，且研究区内发育形成了丰富的水系和复杂的地形地貌，因此修建青藏铁路时在该研究区某些路段修建了多个铁路路桥，如图 5.30 所示。铁路路桥主要跨越高温极不稳定的高含冰冻土区，提高多年冻土的热稳定性，保持铁路路基的稳定（张鲁新等，2015）。铁路桥修建的区域多为水系流经的区域，因而地下含水量较高。据牛富俊等（2011b）的研究，青藏高原北麓河区域铁路路桥过渡段沉降率达到了

（a）铁路路桥 1

（d）铁路路桥 1 野外照片

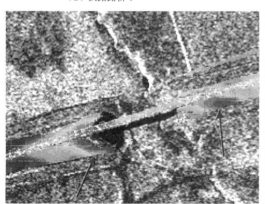

（b）铁路路桥 2

（e）铁路路桥 2 野外照片

（c）铁路路桥 3

（f）铁路路桥 3 野外照片

图 5.30　研究区铁路路桥过渡段沉降分析

92%，最大的沉降量超过了 10 cm，并且青藏铁路的病害以铁路路桥过渡段沉降为主。在高分辨 SAR 形变图中，铁路路桥过渡段结构能够被清晰分辨。在反演的形变图中，我们发现铁路路桥过渡段的形变量通常较大。图 5.30 是研究区铁路路桥的形变量及对应的野外照片。在图 5.30 中，我们可以看到研究区 3 处青藏铁路路桥过渡段沉降明显，达到了 20 mm/a。另外我们还发现，铁路路桥过渡段的沉降表现出坡向性，阳坡的沉降量大于阴坡的沉降量，与牛富俊等（2011b）的研究吻合。图 5.30（d）、图 5-30（e）和图 5-30（f）是对应的三个铁路路桥的野外照片，从照片中可以看到铁路路桥过渡段沉降和护锥体表面裂缝明显。铁路路桥过渡段沉降主要分别表现为护锥体沉降、护锥体表面裂缝和护锥体隆起塌陷。铁路路桥过渡段沉降量与坡向、路基高度、多年冻土类型以及地形等因素有关（牛富俊等，2011b）。由于这种沉降对路基的稳定性危害巨大，且在青藏高原铁路路桥中出现的频率较高，因而，在每年夏季会对铁路路桥进行补强维护，确保铁路路基的稳定性。

2. 防风固沙措施形变分析

第 2 章介绍了北麓河地区 70%以上面积为荒漠区，且沙化严重。为了对沙化灾害进行治理同时保持青藏铁路路基的稳定，在铁路建设过程中对某些沙化严重的区域的铁路路段两侧会采取多种防风固沙措施，主要有石方格、挡风墙等措施。这些防护措施的材质结构多为块状岩石或混泥土，在 SAR 图中表现为强散射，固沙措施在高分辨 SAR 图中也能清楚分辨，并且防风固沙能够在长时间内保持较好的相干性，能够被选为高相干点用于后续干涉处理。图 5.31 是该研究区中的两处防风固沙措施的形变速率图和对应的野外照片，图 5.31（a）和图 5.31（b）的分别位于图 5.26 中的铁路桥 1 的东南处和铁路桥 2 的东南处位置。石方格措施大约是 1 m×1 m 大小的规整块石格子，用 SAR 数据进

图 5.31　研究区沙漠防治措施形变速率分析

行多视后的分辨单元也为 1 m 左右，因此在石方格区域能够选取非常密集的高相干点。图 5.31（a）中的挡风墙和石方格比较稳定，沉降速率小于 3 mm/a。图 5.31（b）中铁路路基两侧的石方格措施的形变速率表现出差异性，铁路两侧的石方格大部分比较稳定，石方格措施的两端处沉降速率较大，超过了 20 mm/a。这种差异性可能与地下水系和土壤含水量的差异有关。

3. 实验路基形变分析

5.3 节已经对实验路基处的不同冷却措施对铁路路基的冷却效果进行了简单的探讨。本节使用时序 InSAR 方法同样监测到了不同的冷却措施表现出的不同的冷却效果。图 5.32 是研究区铁路实验路基段的季节性形变。可以看出，不同路基保护措施的路基路段的形变量表现出了差异性，这种差异性反映出它们的冷却性能不同。统计了六种典型冷却措施的形变速率，如图 5.33 所示，可以看到埋设有散热棒和表面铺设大块石的实验路基路段的沉降速率最小，均值为 -6.06 mm/a，表明散热棒在这几种措施中对实验路基的冷却效果最佳。在护坡铺设小碎石路基路段的形变速率最大，超过了 -20 mm/a。这种路基属于普通路基，没有埋设通风措施和散热棒，其路基热温度性极差，因而表现出最大的沉降速率（牛富俊等，2011a）。另外，需要注意的是，实验路基段的沉降速率也表现出坡向性，阳坡的沉降速率大于阴坡的沉降速率。为了对实验结果进行精度评价，需要得到相应的水准数据。由于没有对应的水准测量数据，实验结果不能得到直接的验证。但是通过野外考察，我们在实验路基路面上发现了大量的沉降裂缝（图 5.34），这些沉降现象间接地证实了实验结果的准确性。

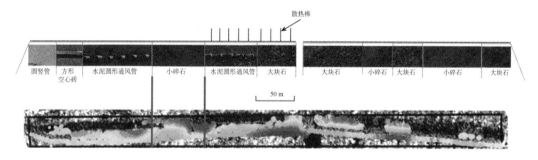

图 5.32　不同的铁路路基保护措施和对应的沉降速率

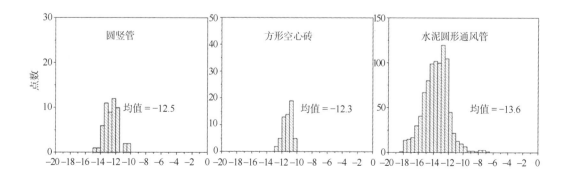

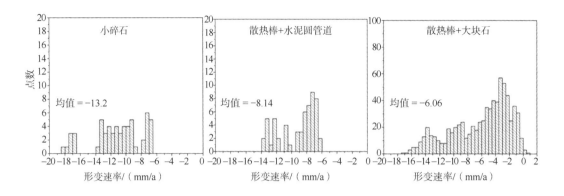

图 5.33　不同冷却措施形变速率统计

（a）实验路基的冷却措施

（b）实验路基散热棒照片

（c）实验路基路面沉降裂缝1

（d）实验路基路面沉降裂缝2

图 5.34　实验路基野外照片

5.4.3　青藏铁路形变时空差异性因素分析

在进行 InSAR 处理过程中，配准误差、高程误差、大气延迟等都会影响最后形变结果的精度。在青藏高原地区，冬季和夏季冻土地表环境变化巨大，特别是草甸区，会产生严重的失相干现象。因此在处理过程中，为了降低时间去相干的影响，一方面，进行干涉组合时，大多数干涉组合是相同冻融季节的图像组合，避免了不同冻融季节图像的组合。另一方面，通过相干系数选取的高相干点大部分集中在青藏铁路、青藏公路、荒漠区及人工固沙措施区域，有一小部分相干点零星分布在草甸区，保证了选取点的高相干性。

另外，在计算研究区冻胀指数和融化指数时，我们假设每年的开始融化和冻胀的时间都是相同的。实际上，受气候变化的影响，研究区每年的开始冻胀和开始融化时间是变化的。研究区不同地表覆盖类型区域的开始冻胀和开始融化时间也有差异（赵红岩等，2008）。使用相同的开始冻胀和开始融化时间会导致最后的形变结果产生一定的误差。

由于缺少实测水准数据，无法对本章反演的结果进行直接验证。我们通过野外实验，在青藏铁路路基、实验路基和铁路路桥过渡段等沉降验证区域发现了大量沉降现象，间接验证了本章算法的有效性。另外，根据唐攀攀（2014）使用 Envisat 数据对北麓河地区形变监测的研究，靠近河流的边缘地带和青藏铁路沿线的沉降速率超过了 1 cm/a，稀疏植被区域的季节形变量在 1～2 cm，与本章的计算结果相符。

5.5　本　章　小　结

针对使用中等分辨率 SAR 数据对青藏铁路形变监测的局限性，开展了使用具有亚米级分辨率的 TerraSAR-X ST 模式数据对青藏高原的冻土和青藏铁路的形变监测研究。

（1）建立了基于相干目标的时序 InSAR 技术，改进了以往线性相位模型的构建方式，根据冻土冻融过程特征，在形变反演阶段建立了与冻融指数平方根成线性变化的形变模型。需要指出的是，在时序 InSAR 形变反演阶段我们使用了冻土冻融周期内所有的 SAR 图像，估计的形变参数更准确，并且能够观测到冻土冻胀周期内的形变序列。

（2）以青藏高原北麓河为研究区，采用 17 景 TerraSAR-X ST 模式数据进行铁路形变反演，得到了研究区 2014 年 6 月～2016 年 8 月内的年沉降速率和季节性形变量。研究结果表明，研究区的年沉降速率约为 15 mm/a，季节形变幅度在 65 mm。研究区整体的形变呈现出季节性，季节性变化幅度在 10 月初达到最大，最大值达到了 90 mm。青藏铁路的某些路段不太稳定，年形变速率超过了 10 mm/a。

（3）在高分辨率形变图中观测到了青藏铁路路基形变的阴阳坡效应。在形变分析中，发现研究区多处形变表现出左右不对称性，包括铁路路肩、铁路路桥过渡段以及实验路基沉降，铁路路基左右护坡的形变量表现出不对称性，差异量达到了 10 mm/a。分析表明，这种形变的不对称性是由阴阳坡效应导致的。

参 考 文 献

程国栋. 2002. 青藏铁路工程与多年冻土相互作用及环境效应. 中国科学院院刊, 1: 21-25.

丑亚玲, 盛煜, 马巍. 2007. 青藏高原多年冻土区铁路路基阴阳坡表面温差的计算. 岩石力学与工程学报, 26: 4102-4107.

李珊珊. 2012. 基于 SBAS 技术的青藏铁路区冻土形变监测研究. 长沙: 中南大学硕士学位论文.

廖明生. 2014. 时间序列 InSAR 技术与应用. 北京: 科学出版社.

马巍, 刘端, 吴青柏. 2008. 青藏铁路冻土路基变形监测与分析. 岩土力学, 29(3): 571-579.

牛富俊, 林战举, 鲁嘉濠, 等. 2011b. 青藏铁路路桥过渡段沉降变形影响因素分析. 岩土力学, 32(2): 372-377.

牛富俊, 马巍, 吴青柏. 2011a. 青藏铁路主要冻土路基工程热稳定性及主要冻融灾害. 地球科学与环境学报, 33(2): 196-206.

唐攀攀. 2014. MT-InSAR 技术监测青藏高原多年冻土形变. 北京: 中国科学院遥感与数字地球研究所博士学位论文.

王超, 张红, 刘智. 2002. 星载合成孔径雷达干涉测量. 北京: 科学出版社.

吴青柏, 牛富俊. 2013. 青藏高原多年冻土变化与工程稳定性. 科学通报, 58(2): 115-130.

张鲁新, 熊治文, 韩龙武. 2015. 青藏铁路冻土环境和冻土工程. 北京: 人民交通出版社.

张正加. 2017. 高分辨率 SAR 数据青藏高原冻土环境与工程应用研究. 北京: 中国科学院大学(中国科学院遥感与数字地球研究所)博士学位论文.

赵红岩, 江灏, 王可丽, 等. 2008. 青藏铁路沿线地表融冻指数的计算分析. 冰川冻土, 30(4): 617-622.

赵林, 程国栋. 2000. 青藏高原五道梁附近多年冻土活动层冻结和融化过程. 科学通报, 45(11): 1205-1211.

赵蓉. 2014. 基于 SBAS-InSAR 的冻土形变建模及活动层厚度反演研究. 长沙: 中南大学硕士学位论文.

Bovenga F, Wasowski J, Nitti D O, et al. 2012. Using cosmo/skymed X-band and envisat c-band sar interferometry for landslides analysis. Remote Sens. Environ, 119(3): 272-285.

Chang L, Hanssen R F. 2015. Detection of permafrost sensitivity of the Qinghai–Tibet railway using satellite radar interferometry. International Journal of Remote Sensing, 36(3): 691-700.

Chen F, Lin H, Li Z, et al. 2012. Interaction between permafrost and infrastructure along the Qinghai–Tibet Railway detected via jointly analysis of C-and L-band small baseline SAR interferometry. Remote Sensing of Environment, 123: 532-540.

Chou Y, Sheng Y, Li Y, et al. 2010. Sunny–shady slope effect on the thermal and deformation stability of the highway embankment in warm permafrost regions. Cold Regions Science and Technology, 63(1): 78-86.

Cigna F, Osmanoğlu B, Cabral-Cano E, et al. 2012. Monitoring land subsidence and its induced geological hazard with Synthetic Aperture Radar Interferometry: A case study in Morelia, Mexico. Remote Sensing of Environment, 117: 146-161.

Dai K, Liu G, Li Z, et al. 2018. Monitoring highway stability in permafrost regions with X-band temporary scatterers stacking InSAR. Sensors(Basel, Switzerland), 18(6): 1876.

Gernhardt S, Bamler R. 2012. Deformation monitoring of single buildings using meter-resolution SAR data in PSI. ISPRS Journal of Photogrammetry and Remote Sensing, 73: 68-79.

Hoen E W, Zebker H A. 2010. Penetration depths inferred from interferometric volume decorrelation observed over the Greenland ice sheet. IEEE Trans. Geosci. Remote Sens., 38: 2571-2583.

Hooper A. 2006. Persistent Scatterer Radar Interferometric for Crustal Deformation Studies and Modelling of Volcanic Deformation. Stanford: Stanford University.

Hu B, Wang H S, Sun Y L, et al. 2014. Long-term land subsidence monitoring of beijing(china)using the small baseline subset(sbas)technique. Remote Sensing, 6(5): 3648-3661.

Jung H C, Alsdorf D. 2010. Repeat-pass multi-temporal interferometric SAR coherence variations with amazon floodplain and lake habitats. International Journal of Remote Sensing, 31: 881-901.

Li S, Lai Y, Zhang M, et al. 2009. Study on long-term stability of Qinghai–Tibet Railway embankment. Cold Regions Science and Technology, 57(2): 139-147.

Liu L, Zhang T, Wahr J. 2010. InSAR measurements of surface deformation over permafrost on the North Slope of Alaska. Journal of Geophysical Research: Earth Surface, 115(F3): F03023.

Luo Q L, Daniele P, Zhang Y, et al. 2014. L- and X-band multi-temporal insar analysis of Tianjin subsidence. Remote Sensing, 6(9): 7933-7951.

Ma W, Mu Y, Wu Q, et al. 2011. Characteristics and mechanisms of embankment deformation along the Qinghai–Tibet Railway in permafrost regions. Cold Regions Science and Technology, 67(3): 178-186.

Mittermayer J, Wollstadt S, Prats-Iraola P, et al. 2014. The TerraSAR-X staring spotlight mode concept. IEEE Transactions on Geoscience and Remote Sensing, 52(6): 3695-3706.

Tao L, Zhang H, Wang C, et al. 2012. Ground deformation retrieval using quasi coherent targets DInSAR, with application to suburban area of Tianjin, China. IEEE Journal of Selected Topics in Applied Earth Observations and Remote Sensing, 5(3): 867-873.

Wang C, Zhang H, Tang Y, et al. 2015b. Fine permafrost deformation features observed using TerraSAR-X ST mode InSAR in Beiluhe of the Qinghai-Tibet Plateau, West China. 2015 IEEE 5th Asia-Pacific Conference on Synthetic Aperture Radar.

Wang C, Zhang H, Zhang B, et al. 2015a. New mode TerraSAR-X interferometry for railway monitoring in the permafrost region of the Tibet Plateau. In Pro. of IGARSS'2015.

Wang C, Zhang Z, Zhang H, et al. 2017. Seasonal deformation features on qinghai-tibet railway observed using time-series insar technique with high-resolution terrasar-x images. Remote Sensing Letters, 8(1): 1-10.

Wang T；Liao M, Perissin D. 2010. InSAR coherence-decomposition analysis. IEEE Geosci. Remote Sens. Lett, 7: 156-160.

Wei M, Sandwell D T. 2010. Decorrelation of L-band and C-band interferometry over vegetated areas in California. IEEE Trans. Geosci. Remote Sens., 48: 2942-2952.

Wickramanayake A, Henschel M D, Hobbs S, et al. 2016. Seasonal variation of coherence in SAR interferograms in Kiruna, Northern Sweden. International Journal Remote Sensing, 2: 370-387.

Wu Q, Liu Y, Hu Z. 2011. The thermal effect of differential solar exposure on embankments along the Qinghai–Tibet Railway. Cold Regions Science and Technology, 66(1): 30-38.

Yuan Y. 2011. Measuring surface deformation caused by permafrost thawing using radar interferometry, case study: Zackenberg, NE Greenland. Delft: Delft University of Technology.

Zebker H A, Villasenor J. 1992. Decorrelation in interferometric radar echoes. IEEE Trans. Geosci. Remote Sens, 30: 950-959.

Zhang Z, Wang C, Zhang H, et al. 2018. Analysis of permafrost region coherence variation in the qinghai–tibet plateau with a high-resolution terrasar-x image. Remote Sensing, 10(2): 298.

第6章 青藏高原雷达遥感应用展望

6.1 高分辨率 SAR 青藏高原冻土研究总结

青藏高原多年冻土作为全球变化的指示器,冻土的水、热、碳变化影响着周围的环境和气候。随着全球气候变暖,青藏高原多年冻土正在加速退化,冻土退化同时引起了严重的气候环境问题和地质灾害,对寒区的生态环境平衡和人民生命财产造成了严重的威胁。冻土环境、人类活动、气候变化之间的相互关系一直是专家学者研究的热点。为应对气候变化和深入了解青藏高原多年冻土区冻土环境的变化,针对冻土环境中土壤水分和活动层厚度这两个核心因素,本书以青藏高原北麓河多年冻土区为研究对象,使用高分辨率 SAR 数据开展了青藏高原多年冻土环境和冻土工程研究。针对高分辨率 SAR 在青藏高原土壤水分反演中存在的问题,以及对基于 InSAR 形变的活动层厚度反演思考,提出了详细的解决方案。本书的特色之处是利用高分辨率 SAR 卫星监测冻土环境和冻土工程的精细变化,探索冻土环境、气候变化与人类活动之间的相互作用机制,为大范围冻土环境监测、冻土工程安全稳定运营提供科学服务。

青藏高原冻土环境与工程应用如下所述。

1. 高分辨率 SAR 青藏高原地表土壤水分研究

针对高分辨率 SAR 图像反演青藏高原土壤水分中存在复杂地表粗糙度的影响问题,提出了结合大小入射角的时间序列土壤水分反演模型。针对草甸区提出了一种结合后向散射系数极值差比的线性模型;针对荒漠区提出了结合大小入射角的时间序列土壤水分反演的经验模型,该模型利用土壤水分完全干燥状态和饱和状态两个极端情况,对土壤水分的变化范围进行限定,建立土壤水分与后向散射系数之间的关系。

提出的反演模型成功应用于青藏高原北麓河研究区的地表土壤水分反演中,得到了研究区 2014~2016 年的土壤水分。实验结果表明研究区的土壤水分变化表现出明显的季节性。草甸区在夏季地表土壤含水量可达 $0.3\ cm^3/cm^3$,而在冬季则处于干燥状态,地表含水量接近 0;而在荒漠区,整个夏季的土壤含水量较低,约为 $0.1\ cm^3/cm^3$。最后采用实测数据对实验结果进行验证,RMSE 和 Bias 分别为 6.2% 和 4.7%,表明该模型具有很好的适用性。本书提出的土壤水分模型为大范围反演青藏高原土壤水分提供了算法模型,同时使用高分辨时序 SAR 图像可以对冻土区土壤含水量在时间及空间上的变化发展进行精细把握。

2. 高分辨率 InSAR 青藏高原活动层厚度反演研究

目前基于 InSAR 形变反演冻土活动层厚度研究普遍假设夏季冻土土壤水分处于饱

和状态，该假设在青藏高原地区不成立，针对该问题，本书提出了一种基于由时序
InSAR 技术获取的冻土形变的冻土活动层厚度的反演模型，首先使用 SAR 幅度图利用
监督分类的方法将研究区分为草甸区和荒漠区；然后根据草甸区和荒漠区实测的地下
土壤含水量数据，分别对草甸区和荒漠区的地下土壤含水量进行建模；最后联合 InSAR
技术反演的冻土季节性形变反演研究区的活动层厚度。实验结果表明，提出的活动层
厚度反演模型能够得到较好的结果，并与实测数据的结果一致。研究区不同地貌覆盖
类型的活动层厚度表现出差异性，草甸区的活动层厚度在 1.5 m 左右，荒漠区的活动
层厚度在 3 m 左右。本书算法基于实测地下土壤含水量数据，考虑土壤土层不同土质
孔隙度等因素，定性地分析了地下土壤含水量的变化，更加符合真实冻土环境土壤含
水量的变化。

3. 高分辨率 SAR 青藏铁路工程形变研究

针对中低分辨率 SAR 图像无法精细分辨地物细节的问题，利用超高分辨率 SAR
图像使用 DInSAR 和时序 InSAR 两种方法监测青藏高原冻土和冻土工程的形变。通
过对 DInSAR 进行处理，对青藏铁路在高分辨率 SAR 图像中的结构特征进行了分析，
以及对青藏铁路的形变特征进行了详细分析，同时对研究区冻土的形变特征有了初步
的认识。在时序 InSAR 处理中，根据冻土冻融过程的基本特征，将冻土的形变分为
线性形变和季节性形变两部分。在构建季节性形变模型阶段，根据 Stefan 公式建立了
与冻融指数平方根成线性变化的季节形变相位模型。需要指出的是，在时序 InSAR
反演阶段我们使用了冻土完整冻融周期的 SAR 数据，能够观测到冻土完整的冻融作
用过程的形变。

结果显示，研究区的冻土年沉降速率约为 15 mm/a，季节性形变明显，形变幅度达
到 65 mm 左右。青藏铁路某些路段不太稳定，年形变速率超过了−10 mm/a。沿着铁路
路基的形变量表现出差异性，这种差异性与地下土壤含水量、路基的冷却措施以及冻土
变化有关系。在高分辨率形变图中，我们发现青藏铁路路基多处形变表现出方向性，包
括铁路路肩的沉降、铁路路桥过渡段沉降以及实验路基沉降。铁路路基左右护坡的形变
量表现出不对称性，差异量达到了 10 mm/a。通过分析可知这种铁路路肩形变的差异性
可能与阴阳坡效应有关。另外，在高分辨 SAR 形变图中观测到了防沙化措施的形变，
分析了不同冻土路基保护措施对铁路路基的冷却效果。

6.2　青藏高原冻土环境与工程的雷达遥感应用与展望

6.2.1　未来 SAR 卫星系统的发展

近年来，随着微波成像理论和电子信息技术的快速发展，SAR 卫星系统已经进入高
速发展阶段，新的技术、概念和模式的 SAR 卫星不断涌现，星载 SAR 系统性能指标不
断提高，SAR 卫星正向多波段、多极化、多模式、高空间分辨率和高重返周期的方向快

速发展，不断满足国土资源、地质、地震、防灾减灾、农业林业、水文、测绘与军事等不同领域的应用需求（王振力和钟海，2016）。

依据美国忧思科学家联盟（Union of Concerned Scientists）发布的数据，截至 2016年 6 月，在轨运行的 1419 颗卫星有 33 颗为 SAR 卫星，其中有广泛商业应用的卫星为德国的 TerraSAR-X/TanDEM-X 系统两颗、意大利的 COSMO-SkyMed 星座卫星共四颗、加拿大的 Radarsat-2 卫星 1 颗、日本的 ALOS-2 卫星一颗、欧空局的 Sentinel-1星座卫星共两颗。Sentinel-1 星座 SAR 数据的免费开放进一步推动了雷达遥感业务化应用的条件。2016 年 8 月 10 日，我国高分三号 C 波段雷达卫星发射成功，目前卫星运行状况良好，已经在防灾减灾、水利、林业、测绘、地矿等十余家行业单位开展了试用，取得了较好的应用效果。随着小卫星技术的发展，利用编队卫星技术进行干涉测量成为星载干涉 SAR 的研究热点（陈筠力和李威，2016；尹建凤等 2018；张庆君等，2017）。

目前，国际上正在积极部署 CSG、NISAR、TanDEM-L 以及国产 L 波段差分干涉SAR 卫星等下一代 SAR 卫星系统。

1. 意大利的 COSMO-SkyMed 二代星座（COSMO-SkyMed Second Generation，CSG）

继 2010 年意大利完成 COSMO-SkyMed 星座 4 颗卫星后，意大利宇航局和意大利国防部联合启动了 COSMO-SkyMed 第二代星座卫星研制计划，二代星座新增全极化观测能力及多种试验模式，具体有聚束 2A、聚束 2B、聚束 2C、条带、Ping-Pong、条带全极化、扫描 SAR1、扫描 SAR2 等模式（Mari et al.，2018；Porfilio et al.，2016），其最高分辨率可以达到方位向 0.35 m，距离向 0.55 m，进一步增强了地物精细分辨能力。CSG计划包含两颗 SAR 卫星，发射入轨后将与一代 4 颗卫星组成 6 星星座（CSK-CSG 星座），CSK-CSG 星座能够对全球进行快速重复观测，在近赤道地区可以实现平均 4 小时间隔的重复观测，欧洲地区可以实现平均 2.5 小时间隔的重复观测，重返周期相比于 CSK 星座分别提高了 2 小时和 1 小时（Calabrese et al.，2016）。

2. 美国 NISAR 卫星

NASA-ISRO SAR（NISAR）卫星是由 NASA 和印度空间研究组织（ISRO）共同研发的基于 L（24 cm）、S（10 cm）双波段 SAR 的天基对地观测系统，计划于 2020 年发射，是世界上首个双频（L 和 S 波段）SweepSAR 对地观测系统（图 6.1）。为了增大系统的观测带宽度，载荷采用了 SweepSAR 技术，实现了 240 km 的观测范围，距离向 3～10 m、方位向 7 m 空间分辨率，卫星重返周期是 12 天。L 和 S 波段雷达既可独立工作，也可联合工作（Rosen et al.，2016；Kobayashi et al.，2019），主要用于农作物整个生长周期的评估、土壤水分估计、洪水和浮游的评估以及海沿岸线和海洋风场监测。NISAR卫星任务目前处在系统飞行硬件开展周期，计划 2021 年 12 月前后发射。

图 6.1　NISAR 卫星系统（引自：NASA）

3. 德国 TanDEM-L 系统

　　TanDEM-L 系统由两颗近轨绕飞的 L 波段 SAR 卫星组成，卫星系统计划于 2022 年末完成发射（图 6.2）。卫星系统的重返周期为 16 天，在一个回归周期内可实现单极化、双极化左右视共 4 次全球覆盖。TanDEM-L 系统搭载新进的 L 波段 SAR 传感器，可以实现多种模式、多极化对地观测。系统的等效噪声系数优于–25 dB，方位模糊信号比优于–25 dB。TanDEM-L 系统能够每年重复观测全球两次，提供高质量、高精度的全球DEM 数据（Huber et al.，2018；Zonno et al.，2018）。相比于 TanDEM-X 计划只提供了

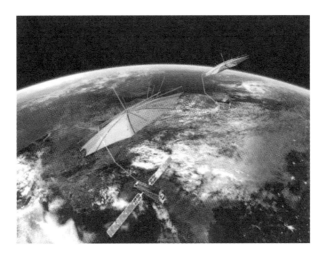

图 6.2　TanDEM-L 卫星系统（引自：DLR）

数字表面模型并且没有更新，TanDEM-L 系统能够实现季节和年度的全区域高精度和高分辨率的数字表面模型更新，可以测量全球的地表变化，为生物圈、岩石圈、低温层和水圈等科学研究提供观测数据（Tridon et al.，2018）。

4. 国产 L 波段差分干涉 SAR 卫星

"十三五"期间，我国规划了第一对以干涉为主要任务的民用 SAR 卫星，即 L 波段差分干涉 SAR 卫星。卫星拟采用双星绕飞模式获取 DEM 数据，是国家空间基础设施首发星，将为我国全球测图开启新的篇章。卫星由上海航天技术研究院负责总研制，卫星高度为 700 km，具有 6 种成像模式，分辨率 3～30 m，幅宽 50～400 km，形变监测精度为 10 mm/a。预计 2020 年发射，主要面向地质灾害监测重大需求，采用双飞编队绕飞，兼顾地形测绘和形变监测等应用要求，与德国的 TanDEM-L 计划类似。

未来 SAR 卫星系统具有以下发展趋势：①分布式 SAR 卫星系统将会越来越多，卫星重返周期将极大地缩短，未来 SAR 卫星的重返周期将为几个小时甚至一个小时，将极大地提升 SAR 对地观测的应用时效性，如地质灾害的近实时卫星遥感监测；②未来 SAR 卫星系统将提供高分辨率宽覆盖的数据产品。TanDEM-L 卫星采用了基于反射面天线的数字波束形成（DBF）技术，这一技术不仅能利用相控阵馈源波束控制的灵活性，还发挥了发射面天线面积大、增益高的优点；③高轨 SAR 卫星技术将成为现实。地球同步轨道合成孔径雷达（高轨 SAR）是一种新体制星载 SAR，其工作高度在 35786 km 的地球同步轨道，卫星在每天同一时间的星下点轨迹相同，成像范围在 2000 km 以上，有利于获得宏观同步信息，同时具有很高的时间分辨率（张薇等，2017）。虽然目前全球还没有高轨 SAR 卫星，但是高轨 SAR 卫星已经成为星载 SAR 的研究热点，我国也正在论证研制国产高轨 SAR 卫星。

随着 SAR 系统的不断增多，SAR 成像模式不断丰富，对高原观测的雷达遥感数据将越来越多，特别是随着 L 波段 SAR 传感器的不断增多，研究者可以根据不同地域、不同应用需求选择不同模式的数据，青藏高原对地观测研究将进入大数据时代。

6.2.2　雷达遥感在青藏高原中的地学应用

在全球气候持续变化和人类活动的影响下，全球范围的大部分多年冻土区均发生了不同程度的退化，我国青藏高原多年冻土区同样正面临着严重的冻土退化问题。冻土退化会引起冻土地表水土流失、沙漠化和环境变化，对寒区基础工程设施的稳定安全造成威胁。在过去几十年，研究学者利用雷达遥感技术在青藏高原地区进行了系统研究，主要集中在土壤水分反演、湖泊变化监测、冰川物质平衡、冻土地表变化、冻土形变及活动层厚度等方面，取得了长足的进展，为青藏高原地区的建设和稳定发展提供了可靠的监测数据。随着新型 SAR 传感器的不断发射升空，以及不同模式 SAR 数据的持续积累，雷达遥感在青藏高原中的应用将会进入蓬勃发展的阶段。未来雷达遥感技术将在青藏高原冻土环境和工程应用中的以下方面发挥重要作用：

1. 青藏高原冻土物理参数提取研究

第 2 章提到了多年冻土特征指标有多个,利用遥感手段进行冻土特征指标提取反演,进而大范围、高精度精细监测多年冻土的状态是终极目标。目前 InSAR 技术主要在冻土地表形变中广泛应用,如何利用 InSAR 技术反演多年冻土活动层物理参数,如活动层厚度、冻土冻结融化深度、冻土上限等,仍存在诸多问题需要解决,面临诸多挑战。InSAR 技术在冻土研究中具有广泛的应用潜力,随着新型 SAR 卫星传感器的发射,特别是 L 波段(ALOS-4、TanDEM-L 以及国产 L 波段 SAR 卫星和 P 波段卫星等)数据增多,以及 SAR 卫星星座重返周期缩短,能够极大地降低冻土地区时间去相干的影响,提高干涉相对的相干性,提升冻土形变及物理参数反演精度。

为了提高冻土物理参数反演的精度,还需要综合应用多种手段,如实地测量、仪器埋设等方式,同时引入或构建适应性更强的冻土物理参数反演模型,目前应用在冻土参数反演中的物理模型主要有 Stefan 模型、一维温度传导模型,应用于更大范围的冻土活动层厚度监测,为相关应用部门提供大范围高分辨率多年冻土分布范围,为国家应用需求服务(朱建军等,2017;张正加,2017)。

2. 青藏高原水平衡研究

土壤水分作为青藏高原地区关键的地表变量,通过调节地表蒸发与下渗,控制陆表能量分配、植被冠层蒸腾和碳吸收,并且影响土壤冻融状态,从而对高原的气候和水循环起到重要的作用,是影响高原季风系统和降水模式的关键要素之一(曾江源,2014)。因此,进行青藏高原大尺度土壤水分研究对于理解寒区的陆气相互作用以及对东南亚乃至全球气候变化有着重要作用。

一般利用被动微波进行大范围土壤水分反演,早在 20 世纪 80 年代美国就发射了搭载着扫描微波辐射计的卫星进行土壤水分观测。但是,被动微波的空间分辨率通常在千米级,适合全球尺度的土壤水分研究,无法在精细尺度上研究青藏高原的土壤水分。2015 年 1 月 31 日美国 NASA 的首颗土壤水分探测卫星 SMAP 从范登堡空军基地成功发射,是继欧洲局 SMOS 之后全球第二颗专注于土壤水分观测的卫星。SMAP 搭载 L 波段的雷达和辐射计,能够探测到地表 5 cm 深度处,具有穿透云和中等程度植被冠层覆盖的能力,SMAP 将产生至今为止分辨率最高的和精度最高的土壤水分卫星产品(Chan et al.,2018)。另外,欧洲航天局计划发射一颗 P 波段的"生物量"(biomass)森林-碳-监测卫星,其穿透性进一步加强,更适用于冻土区地表土壤水分反演,预计在 2021 年发射。随着更长波段、更高分辨率 SAR 卫星的发射,青藏高原冻土土壤水分研究将会进入一个新的阶段。

6.2.3　雷达遥感在高原铁路工程运营与建设中的应用

青藏铁路是实施西部大开发战略的标志性工程,是中国新世纪四大工程之一,是西部大开发的重点工程之首。青藏铁路的安全运营关系到西部大开发战略的顺利实施,并且是全国各族人民对青藏两省（自治区）繁荣兴盛的期望。青藏铁路经过的长达 550 km 的常年冻土区段，是对全线安全运营最大的考验。青藏铁路格拉段（格尔木至拉萨）自 2006 年 7 月 1 日全线通车以来，至今未发生过一起铁路交通事故。近 5 年的运营实践和观测表明，青藏铁路多年冻土段路基总体稳定（朱一迪，2011）。进出西藏的旅客列车运行速度达 100 km/h，创造了高原冻土铁路运行时速的世界纪录。近年来，随着区域经济快速发展，青藏铁路运输能力和铁路路基的安全稳定性面临着严峻的考验。由于具有监测范围广、形变监测精度高等优势，雷达遥感技术可以在青藏铁路工程安全运行中发挥独特作用。针对大范围青藏铁路形变监测，可以使用宽覆盖模式的雷达遥感数据对其进行快速的大面积处理。针对重点特殊路段，可以使用高分辨率雷达遥感图像对铁路路基的精细健康安全状况进行诊断，为青藏铁路的安全运行提供大范围精细数据支撑。

我国川藏铁路建设、东北高铁建设以及中俄高铁建设，都会涉及高原和高纬度冻土区铁路工程选线工作，相信高分辨率 SAR 一定会在这些重大工程建设中发挥重要作用。

参 考 文 献

陈筠力, 李威. 2016. 国外 SAR 卫星最新进展与趋势展望. 上海航天, 36(6): 1-19.

王振力, 钟海. 2016. 国外先进星载 SAR 卫星的发展现状及应用. 国防科技, 37(1): 19-24.

尹建凤, 张庆君, 刘杰, 等. 2018. 国外编队飞行干涉 SAR 卫星系统发展综述. 航天器工程, 27(1): 116-122.

曾江源. 2015. 青藏高原地区被动微波土壤水分反演研究. 北京: 中国科学院遥感与数字地球研究所博士学位论文.

张庆君, 韩晓磊, 刘杰. 2017. 星载合成孔径雷达遥感技术进展及发展趋势. 航天器工程, 26(6): 1-8.

张薇, 杨思全, 范一大, 等. 2017. 高轨 SAR 卫星在综合减灾中的应用潜力和工作模式需求. 航天器工程, 26(1): 127-131.

张正加. 2017. 高分辨率 SAR 数据青藏高原冻土环境与工程应用研究. 北京: 中国科学院遥感与数字地球研究所博士学位论文.

朱建军, 李志伟, 胡俊. 2017. InSAR 变形监测方法与研究进展. 测绘学报, (10): 519-535.

朱一迪. 2011. 青藏铁路在"世界屋脊"安全运营近 5 年. 机车电传动, (3): 84-84.

Calabrese D, Carnevale F, Mastroddi V, et al. 2016. CSG System Performance and Mission. Eusar: European Conference on Synthetic Aperture Radar. VDE.

Chan S K, Bindlish R, O'Neill P, et al. 2018. Development and assessment of the SMAP enhanced passive soil moisture product. Remote sensing of environment, 204: 931-941.

http: //www. esa. int/Our_Activities/Observing_the_Earth/Space_for_our_climate/Three_ESA_Earth_science_missions_move_to_next_phase.

Huber S, de Almeida F Q, Villano M, et al. 2018. Tandem-L: A technical perspective on future spaceborne SAR sensors for earth observation. IEEE Transactions on Geoscience and Remote Sensing, 56(8): 4792-4807.

Kobayashi M M, Stocklin F, Pugh M, et al. 2019. NASA's high-rate Ka-band downlink system for the NISAR mission. Acta Astronautica, 159: 358-361.

Mari S, Valentini G, Serva S, et al. 2018. Cosmo-skymed second generation system access portfolio. IEEE Geoscience and Remote Sensing Magazine, 6(1): 35-43.

Porfilio M, Serva S, Fiorentino C A M, et al. 2016. The Acquisition Modes of COSMO-Skymed di Seconda Generazione: A New Combined Approach Based on SAR and Platform Agility. IGARSS 2016 - 2016 IEEE International Geoscience and Remote Sensing Symposium.

Rosen P, Hensley S, Shaffer S, et al. 2016. An Update on the NASA-ISRO Dual-Frequency DBF SAR(NISAR) Mission. IGARSS 2016-2016 IEEE International Geoscience and Remote Sensing Symposium.

Tridon D B, Sica F, De Zan F, et al. 2018. Observation Strategy and Flight Configuration for Monitoring Earth Dynamics with the Tandem-L Mission. IGARSS 2018-2018 IEEE International Geoscience and Remote Sensing Symposium.

Zonno M, Sanjuan-Ferrer M J, Rodriguez-Cassola M, et al. 2018. The Tandem-L Mission for Monitoring of Earth's Dynamics: Main Performance Results during Phase-B1. European Conference on Synthetic Aperture Radar.